世界インフラ紀行
― コンクリート・建設・社会基盤 ―

大内 雅博

推薦の言葉

世界からわが国のインフラを眺める意義

東京大学大学院
新領域創成科学研究科　助教授

小 澤 一 雅

　インフラは，あらゆる国における人々の生活・社会・経済を支える基盤となるものである。ハード・ソフトを問わず，インフラの充実は，国力の充実を表しているとも言える。インフラ整備にかかわるシビルエンジニアにとって，現状のインフラを見つめなおし，将来の人々にとって必要なインフラのあり方を考えることは極めて重要なことである。世界からわが国のインフラを眺めることは，多くの益をもたらしてくれるに違いない。

　自己充填コンクリートの第一人者であり，鉄道マニアであり，シビルエンジニアである著者が，世界のインフラを歯切れの良いタッチで描写している。人柄の良さで構築した世界中のネットワークを駆使して，足（鉄道？）で集めた情報は，読者の知的好奇心を満足させてくれるに違いない。

■ 目 次 ■

推薦の言葉「世界からわが国のインフラを眺める意義」小澤一雅 ………………………………………………………………… 1

まえがき ……………………………………………………………… 6

第1章　欧州インフラ紀行

もはや鉄道の建設は不要か ……………………………………… 8
鉄道貨物 …………………………………………………………… 12
新幹線／超高速鉄道 ……………………………………………… 14
空港連絡鉄道 ……………………………………………………… 17
空港の規模と航空便の輸送単位 ………………………………… 21
自動車を減らすためのプロジェクト …………………………… 23
建設コスト ………………………………………………………… 27
長持ちする構造物 ………………………………………………… 32
イギリス・アメリカ――高レベルの「在来線」 ……………… 35
ドイツ・フランス――ハブ空港への集中投資 ………………… 39
アイスランド――小さくてもきらりと光る国 ………………… 41
スウェーデン――欧州SCCの旗振り役 ………………………… 44
ノルウェー・デンマーク・スウェーデン――協調と競争 …… 47
オランダ・台湾・スウェーデン――小国と自己充填コンクリート ……………………………………………………………… 51

スイス―「どこにでも鉄道」の意義 ……………………… 53

第2章　セメント需要の変遷

　　各国のセメント需要 …………………………………………… 60
　　欧米諸国のセメント需要の変遷 ……………………………… 63
　　アジア地域のセメント需要 …………………………………… 66
　　アジア諸国のセメント需要の変遷①―台湾・韓国 ………… 67
　　アジア諸国のセメント需要の変遷②―マレーシア・中国・タイ・
　　ベトナム・インド …………………………………………… 70
　　経済力とセメント需要 ………………………………………… 73
　　セメント消費の累積①―潜在的なコンクリート需要 ……… 78
　　セメント消費の累積②―維持管理すべき構造物の量 ……… 80

第3章　アジア紀行―中国・シンガポール

　　北京 ……………………………………………………………… 86
　　三峡ダム①―プロジェクトの概要 …………………………… 89
　　三峡ダム②―施工計画 ………………………………………… 93
　　三峡ダム③―中国と日本の技術 ……………………………… 98
　　三峡ダム④―ダム建設に見るお国柄の違い ………………… 100
　　シンガポール①―コンクリートだらけの国？ ……………… 105
　　シンガポール②―自動車を減らす政策 ……………………… 108
　　シンガポール③―インフラで成り立つ国 …………………… 111

第4章　台湾紀行

- 四半世紀前の日本 ……………………………………… 118
- インフラ事情 …………………………………………… 121
- 建設行政 ………………………………………………… 125
- 高速道路 ………………………………………………… 128
- 空港 ……………………………………………………… 130
- 新幹線プロジェクト①―概要 ………………………… 132
- 新幹線プロジェクト②―建設工事 …………………… 135
- 地下鉄プロジェクト …………………………………… 138
- 銅像になった日本人 …………………………………… 141

第5章　日本の建設・コンクリート事情

- セメント需要の変遷 …………………………………… 148
- 建設におけるセメント・コンクリートの地位 ……… 151
- 経済成長とセメント需要 ……………………………… 152
- 経済成長と建設投資 …………………………………… 155
- 建設業の生産性 ………………………………………… 156
- 建設コスト ……………………………………………… 158
- 建設投資額に対する建設業の生産額の比率 ………… 161
- 建設投資額に占める材料費の割合 …………………… 162
- 都道府県別生コン需要①―人口当たり・面積当たり ……… 165
- 都道府県別生コン需要②―民需と官公需 …………… 169

の観点から展望してみることの必要性を時代の変わり目に当たって感じた結果がこの連載，そして本書である。

　旅行記のつもりで気楽にお読みいただければ幸いである。

2002年3月

大内　雅博

まえがき

　近年，日本の建設業界では景気の良い話を聞かない。将来の需要は何割減など，暗い話ばかりである。しかし，日本の社会基盤の整備がこのまま終わってしまうなどということは，ヨーロッパの水準と比較すれば決してあってはならないと思う。万一そうなるとすれば，混雑のない，質の高い生活は永久に実現不可能となってしまう。日本の1人当たりの国民所得が世界でトップクラスというのが実は偽りであるか，日本人の，稼いだお金の使い方が間違っているということになるはずである。

　本書は『セメント新聞』に2001年2月から12月にかけて連載した「海外の建設・コンクリート事情」を加筆のうえ編集したものである。この連載は海外の建設・コンクリート業界について報告せよというセメント新聞編集部の依頼により始めたものである。

　いずれの国の訪問も短期滞在のため瞥見に過ぎず，しかも著者の観察対象は時として本業よりも趣味の鉄道に向いていた。したがって当初の編集部の意に沿わない連載となってしまった点は否定できない。

　しかし，建設やコンクリートの将来について，社会基盤整備

第6章　アジアの将来と日本

　自動車交通の増大 ………………………………………… 174
　鉄道の整備 ………………………………………………… 176
　ハブ空港競争 ……………………………………………… 178
　ピークがより先鋭化する建設需要 ……………………… 180

あとがき ……………………………………………………… 183

第 1 章

欧州インフラ紀行

ヨーロッパを旅すると，日本よりはるかに小さい人口密度にもかかわらず，質の高い，かつ量的に十分な社会基盤が整備されていることに驚く。空いている道路。予約なしでもまず着席可能で，通勤電車でも高速の鉄道。国中から列車1本で直行可能な国際空港など。これだけ社会基盤が整備されていれば，欧州の建設需要が日本の数分の1であることは十分に納得できる。イギリスなど土木工事現場を見かけることは極めてまれである。

　翻って，世界最高の建設技術を有する日本の状況はどうか。社会基盤施設の整備水準はお世辞にも最高であるとは言えない。混雑する電車・道路，遠くて不便な空港。成田新幹線は結局頓挫してしまった。快適なヨーロッパに慣れてから帰国すると腹立たしくなるほどである。外国人にわが日本を1人で旅行することを勧めることは果たして可能だろうか。

　というわけで，ヨーロッパの鉄道をはじめとする社会基盤について感心した点をまとめたのが本章である。旅行記のつもりで気楽にお読みいただければ幸いである。

　なお，ヨーロッパにお出かけの際は，空港でタクシーを拾わずに公共交通機関だけを利用して宿泊先のホテルに向かうことをお勧めする。日本での労力の数分の1しか要しないはずである。日本のインフラを充実させることの必要性が，理屈ではなく体でご理解いただけることと思う。

もはや鉄道の建設は不要か

　日本人が海外で乗る鉄道といえばスイスの登山鉄道や「氷河急行」が代表例であろうが，これは観光を目的としたものである。近年ではドーバー海峡トンネルを経由するロンドン―パリ間のユーロスターも

人気があるが，これも物珍しさで乗車する場合が多いと思われる。必要に迫られて乗るのはせいぜいロンドンやパリなどの大都市の地下鉄ぐらいであろう。交通手段としてヨーロッパの鉄道に乗車した日本人はそれほど多くない。団体旅行なら間違いなくバスである。

　日本の鉄道は世界最高の水準にあると言われている。1964年に当時の世界最高時速210kmで走行する新幹線を誕生させ，実質的に無事故で40年間近く営業運転している。技術的に世界一であることは間違いない。実はこの数年来，世界の主流に抗して日本の新幹線が開業以来貫き通した「動力分散方式」（機関車による牽引ではなく各客車に動力を分散させるいわゆる電車方式）の有効性がパワーエレクトロニクス技術の発達によって再認識され，今後のヨーロッパの超高速鉄道の主流となる可能性がある。

　では鉄道の「使いやすさ」という観点ではどうか。鉄道は線路をはじめとする施設が存在してはじめて成立する交通手段であり，「道なき道」を走行することは不可能である。利用者の立場からは鉄道の路線網が充実していることが望ましい。

　データから西ヨーロッパ主要国と日本の国鉄に相当する路線網の充実度を比較してみよう。国により面積や人口が異なるので，単に鉄道路線延長キロ数を比較することに意味はない。そこで，各国の「国土面積当たり」「人口当たり」のキロ数を求めてみた（**表-1.1**）。日本は国土面積当たりのキロ数では中位グループであるが，人口当たりでは最下位に属していることが分かる。

　しかしながら，鉄道路線は需要に応じて整備されるものである。そこで線路の使われ方という観点から，各国の「輸送密度」を算出した

表-1.1　国土単位面積および人口当たりの国鉄キロ数（1998年）

	面積当たりキロ数 (km/千km²)		人口当たりキロ数 (km/百万人)
ベルギー	114	フィンランド	1,140
ドイツ	108	スウェーデン	1,129
ルクセンブルク	106	ノルウェー	917
スイス	70	オーストリア	695
イギリス	68	ルクセンブルク	652
オランダ	68	フランス	546
オーストリア	67	ドイツ	469
フランス	58	デンマーク	442
デンマーク	54	スイス	411
イタリア	53	ベルギー	342
日本	53	スペイン	338
ポルトガル	31	ポルトガル	291
スペイン	26	イギリス	281
スウェーデン	22	イタリア	279
フィンランド	17	オランダ	181
ノルウェー	10	日本	160

（**表-1.2**）。日本の輸送密度は極めて高い。しかし，日本国内には地域差がある。そこでJR各社のデータもあわせて示す。JR本州3社の輸送密度は桁違いに高い。JR3島会社の輸送密度ですら，西ヨーロッパの各国と比較して遜色ないことが分かる。

　単純な数字の比較だけで現状の当否を論ずることは不可能である。しかし，経済力の水準が大差ないはずの西ヨーロッパ各国と比較して，本州では桁違いの，3島でも同程度の使われ方をしている現在の日本の鉄道網を，少なくとも維持するか，もしくはさらに充実させることが決して不可能であるとは思えない。もちろん，欧州の鉄道は独立採算で運営されているわけではなく，少なからぬ税金が投入されている。

○第1章　欧州インフラ紀行

表-1.2　各国国鉄の平均旅客輸送密度（単位 人/日，1998年）

	旅客密度
ＪＲ東海	67,027
ＪＲ東日本	45,835
日本（ＪＲ平均）	33,164
ＪＲ西日本	28,873
オランダ	14,517
スイス	11,877
ＪＲ九州	10,792
イタリア	7,007
デンマーク	6,327
ＪＲ四国	5,809
ベルギー	5,803
イギリス	5,636
フランス	5,318
ＪＲ北海道	4,975
ドイツ	4,674
ポルトガル	4,386
オーストリア	3,876
スペイン	3,420
スウェーデン	2,041
ノルウェー	1,771
フィンランド	1,603

一方，世界一の金持ち国・日本では鉄道は独立採算が建前となっている。本当にこれで良いのか，もう一度考え直してみる必要があると思う。

旅客輸送密度：路線のある断面を単位時間内に通過する旅客数。本章で登場した「平均旅客輸送密度」は，各国の鉄道について1日当たりの人×キロを合計し，路線延長で割った値。単位は 人/日となる。

写真-1.1　ドイツ・ミュンヘンのSバーン（近郊電車）
（ドイツの主要都市で整備されている近郊電車網。都心から数十kmに放射状に伸びた路線に，早朝から深夜まで20～30分間隔で列車が運行されている）

鉄道貨物

　日本の鉄道がヨーロッパと比較して桁違いの旅客輸送密度を有していることは前に述べたとおりである。では，貨物はどうか。各国の国鉄について貨物輸送密度を求めた（**表-1.3**）。

　日本の鉄道貨物輸送は西ヨーロッパ諸国と比較して極めて低調である。旅客とは逆である。

　ただしここで気をつけなければならないのは，これらの貨物輸送が何を運んでいるかである。石炭や鉄鉱石などを産出する国が少なからず存在する西欧諸国では，貨物輸送が好調な国が多い。鉄鉱石を産出するルクセンブルクやスウェーデンが代表例である。硬直的，しかし

○第1章 欧州インフラ紀行

表-1.3 各国の平均貨物輸送密度

	平均貨物輸送密度（トン/日）
スイス	9,224
オーストリア	7,463
ルクセンブルク	6,239
ベルギー	5,833
ドイツ	5,221
フィンランド	4,579
フランス	4,527
西欧15ヶ国平均	4,275
スウェーデン	4,223
イタリア	4,064
オランダ	3,686
日本	3,093
デンマーク	2,425
イギリス	2,410
スペイン	2,275
ポルトガル	2,160
ノルウェー	1,465

大量輸送に適した鉄道は，鉱山からの輸送に最適である。

したがって，人口密度がヨーロッパ最高，しかし天然資源のないオランダの貨物輸送密度が低調であることは納得できる。ちなみにオランダの人口密度は381人/km²。日本は340人/km²であるから，日本とオランダの貨物輸送密度の差の比率とほぼ等しい。

とはいえ，日本の貨物輸送がこのままで良いとは思えない。少なくとも道路交通の負担軽減の観点から貨物輸送にもっと投資しても良いと思う。

なお，天然資源を産出しないにもかかわらず，スイスの貨物輸送密度が極めて大きいことに注目したい。稠密な鉄道ネットワークを生か

し，宅急便の感覚で貨物・荷物輸送ができる体制が整備されている。スピードが使命の特急列車にも荷物車が連結され，鉄道旅客の手荷物さえもわずかな料金で，旅客列車に遜色のないスピードで別送されている。

写真-1.2 旅客列車に連結された荷物車（スイス・チューリッヒ中央駅にて）

> 貨物輸送密度：路線のある断面を単位時間内に通過する貨物の重量。本章で登場した「平均貨物輸送密度」は，各国の鉄道について1日当たりのトン×キロを合計し，路線延長で割った値。単位は トン/日となる。

新幹線／超高速鉄道

「新幹線」の英語訳をご存知だろうか。実は日本語をそのままローマ字にした"SHINKANSEN"である。1964年，当時世界最高速度の時速210kmでの走行に成功した日本の技術力が高く評価されているからである。

○第1章　欧州インフラ紀行

　しかし，単に最高速度の列車を開発しただけであったなら，ギネスブックに認定されるだけで終わっていたかもしれない。日本の新幹線が世界中にその名をとどろかせているのは，踏切のない高速列車専用の軌道を，等間隔で頻発する良いダイヤで運行しているからである。新幹線は極めて輸送力の大きい，実用性の高い交通手段である。

　この点，現在のジャンボジェット機に対する超音速旅客機コンコルドは定員がわずか100名足らずと輸送力が小さい。いくら速度が大きくても輸送力が小さければ実用的な交通機関とはなり得ない。2000年のパリでの事故を契機に運航を取りやめてしまったのは安全上の問題だけではなかったのではないか，というのが筆者の個人的見解である。

　さて，営業運転ではおおよそ時速160km止まりであったヨーロッパの鉄道も，新幹線の成功に刺激されて超高速鉄道の導入に熱心である。1970～80年代から需要の見込まれる区間には新線を建設し，次々と最高速度250から300kmの列車を運行している（図-1.1）。フランス，ドイツ，イタリア，スペイン等で総延長2,500kmあまりの高速新線が営業

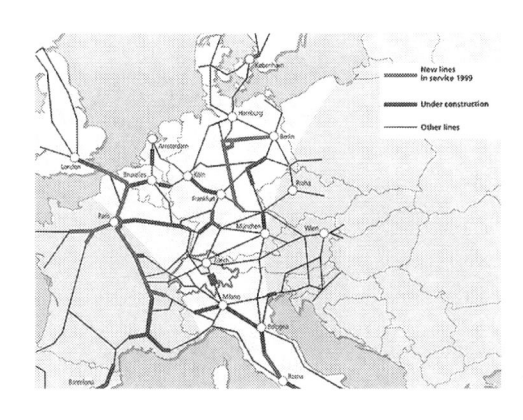

図-1.1
ヨーロッパの高速鉄道網
　（太線部分，Alp Transit
　社のパンフレットより）

− 17 −

中であり，さらにイギリス，オランダ，スイスを含めてほぼ同じ距離の新線を建設中である。ちなみに日本の新幹線の総延長も約2,000kmであり，約700kmが建設中である。

　一方，建設資金の関係で，またはそれほど需要の見込めない区間については在来の線路を改良して時速200kmの列車を運行している。イギリスやスウェーデンでは現在のところこの方式のみである。もちろん，高速新線からの直通も可能である。線路の幅が共通（日本の新幹線と同じ1,435mm）で，しかもカーブの緩やかな良い線形だから可能である（写真-1.3）。線路規格の高いヨーロッパの在来線が何ともうらやましい。正式名称ではないにしろ，日本では最高時速130km止まりの，線路幅を拡げて直通可能となっただけの鉄道でさえも「新幹線」と呼ばれている状況である。

写真-1.3　在来線を走行するドイツの超高速鉄道 ICE

○第1章　欧州インフラ紀行

　では，ヨーロッパの高速新線にどれほどの需要があるのか。時刻表を見ると，複数の系統の相乗り区間でない限り新線区間でさえ1時間当たり各系統せいぜい片道1～2本程度であり，1時間当たり1本という時間帯もある。東海道新幹線は開業当初こそ1時間当たり2本の運転であったが，その数年後には倍増している。ヨーロッパでも開業当初より列車は増えているものの，それほどの勢いはない。最も利用されているフランスのパリ―リヨン間での輸送密度が上越新幹線程度，東海道新幹線の4分の1程度だそうである。

　高速道路網が発達した現在，最高速度が時速120～130kmの在来線ではもはや自動車に太刀打ちできないのは明らかである。高速バスと所要時間が大差ない区間が数多い。自動車がメインの交通機関となっていないのは東京圏のみであろうが，これは道路の渋滞によるものである。高速道路および自動車が今後ますます利用しやすくなっていくならば，時速200km以上で走行しない限り，鉄道の将来はないと言って良い。

　ヨーロッパの状況を見る限り，「整備新幹線は不要」という意見は，少なくとも「日本の現状では不可能」と言い換えるべきである。その上で，不可能を可能にするために現状をどのように改めるべきかを考えることが必要であると思う。

空港連絡鉄道

　超高速鉄道と並んでヨーロッパ鉄道の投資の中心となっているのが，空港に直接乗り入れる鉄道の建設である。航空機が，距離で500～600km，列車での所要時間が3時間を超える区間の移動の中心的交通手段

となるのは間違いない。余談であるが，鉄道好きの著者でさえも高知から東京出張の際には航空機を利用している。

さて，航空機を利用する際に問題となるのが前後の交通手段である。空港は概して都心から離れた場所に位置しているため，そのアクセス交通手段がトータルの所要時間に大きな影響を及ぼす。日本国内の移動では乗機時間よりもその前後に多くの時間がかかった経験をお持ちの方も多いと思う。

空港に直接乗り入れる連絡鉄道は，航空機による移動のトータルの所要時間を短縮するための極めて有効な手段である。ただし，一口に空港連絡鉄道といっても，いくつかにレベル分けする必要がある。『西ヨーロッパとアフリカの鉄道』（和久田康夫・廣田良輔編，吉井書店）を参考にして，具体例を挙げて見ていく。

レベル1：鉄道が乗り入れているという程度

羽田空港における東京モノレールが代表例である。都心から自動車を使用せずに空港に到達可能であるが，浜松町駅での乗り換えが必要である。少なくとも東京駅までは乗り入れるべきであったと思われる。そもそも既存の鉄道に直通不可能なモノレールを，東京の空の玄関口・羽田空港へのアクセス鉄道としたのは何故か。今となっては理解に苦しむ。

レベル2：都心のみに直通

ヨーロッパの首都および主要都市における最低レベルである。近郊電車または地下鉄のネットワークの一部として空港に乗り入れている。ロンドン・ヒースロー空港，パリ・シャルルドゴール空港，ミュンヘ

ン，デュッセルドルフ，シュトゥットガルト，ベルリン，ローマ，ミラノ，ウィーン，バルセロナが代表例である。日本では，羽田空港に乗り入れている京浜急行，成田空港の京成電鉄，そして福岡空港の福岡市営地下鉄が該当する。

レベル3：国内各地に直通可能

西ヨーロッパ諸国の首都および主要都市における標準レベルである。空港連絡鉄道が国鉄のネットワークの一部として機能し，国内各地に直行可能で，列車によっては国外への直通運転も見られる。筆者が確認した範囲では，アムステルダム，フランクフルト，マンチェスター，バーミンガム，パリ，リヨン，チューリッヒ，ジュネーブ，ブリュッセル，コペンハーゲン，ストックホルム，オスロで整備されている。日本では成田，関西，新千歳，宮崎の各空港がこれに該当し仙台で建設中であるが，実質的には都心直通がメインである。

レベル4：超高速鉄道の乗り入れ

ヨーロッパにおける近年の目玉プロジェクトである。設備的にはレベル3と同じであるが，近距離航空路を超高速鉄道に代替させ，空いた空港の容量を長距離路線に振り向け，近年厳しさを増しているハブ空港の地位をめぐる競争に勝ち抜こうとする戦略の一環である。フランクフルト空港，パリ・シャルルドゴール空港，リヨン空港が整備済み，ベルギー―オランダ間の高速新線が整備されればさらにアムステルダム空港がこれに該当するようになる。

ルフトハンザドイツ航空やエールフランス航空では，300km程度までの短距離路線については航空券で列車に乗車可能な措置を講じている

区間もある。このような区間では駅でのチェックイン・手荷物預かりサービスを行っており，航空路線を廃止して鉄道輸送に一本化する予定と聞く。

　日本で新幹線の空港直行が実現するとどのようになるのか。例えば仙台から新幹線で羽田空港に直行し高知行きの航空便に乗ることが可能となる。または，東京駅から新幹線で乗り換えなしで関西空港に到着し，国際便に乗ることが可能となる。

　しかし現状は，成田新幹線計画が頓挫し，羽田や関西空港に新幹線が乗り入れる計画はないという有様である。

　日本の社会基盤はこれで良いのだろうか。短距離の航空路線が多いと長距離路線や国際線の発着が制限され，日本の国際的な地位が低下することになりはしないか。世界の中の日本という視点で社会資本の整備を進めていく必要があると思う。

写真-1.4　チューリッヒ空港駅（空港ターミナルに直結。1時間当たり7本の列車が約10分でチューリッヒ中央駅と結ぶ。スイスのほぼ全域へ直行可能）

○第1章　欧州インフラ紀行

写真-1.5　フランクフルト空港・長距離列車用駅
（1999年6月開業・超高速鉄道ICEにより全国各地に直通可能。この他に近郊電車が発着する駅もある）

空港の規模と航空便の輸送単位

　鉄道に乗るのが趣味ではあるが，やはり時間の関係からヨーロッパ域内の航空便のお世話になることも多い。その際，いつもおやと思うことがある。機体が小さいのである。国際線とはいえ，ヨーロッパ域内での航空便の運航距離は日本の国内線に毛の生えた程度である。日本ではローカル線の扱いを受けている羽田―高知便の使用機材（定員230～270名のボーイング767型機）よりも大きなものに当たった記憶がない。

　世界中の航空便はどの程度の大きさの機材を使用しているのだろうかという疑問を以前から持っていたが，決して短くなかった待ち時間に羽田空港の書店でふと目にして購入した『巨大利権「空港建設」』

(杉浦一機著)を読んでヒントを得ることができた。そこで，欧米および日本を含むアジアの主要空港について，内訳は省略したが，国際・国内線それぞれの乗降客数を発着回数で割り，各空港に発着する1便当たりの乗客数を求めてみた（**表-1.4**）。

表-1.4 主要空港の乗降客数・離発着数・1便当たり平均旅客数
（1999年，ただしアミかけの空港は1998年）

空港名	都市	乗降客数（千人）	発着回数（千回）	1便当たり乗客数（人/便） 国際線	1便当たり乗客数（人/便） 国内線
ヒースロー	ロンドン	61,979	450.7	144	103
フランクフルト	フランクフルト	45,415	405.8	116	82
シャルルドゴール	パリ	43,439	421.9	94	136
オルリー	パリ	25,331	242.0	101	104
フイウミチーノ	ローマ	24,995	258.2	102	91
スキポール	アムステルダム	36,434	376.8	94	19
J.F.ケネディ	ニューヨーク	31,436	393.6	183	55
ロサンゼルス	ロサンゼルス	59,293	744.2	219	65
オヘア	シカゴ	39,292	404.0	155	90
羽田	東京	55,023	121.8	275	225
成田	東京	25,964	67.1	197	124
伊丹	大阪	16,245	51.7	―	157
関西	大阪	20,015	59.1	182	154
金浦	ソウル	29,296	210.0	159	127
香港	香港	27,209	163.4	167	―
チャンギ	シンガポール	22,523	165.2	136	―

＊「乗降客数」と「発着回数」は国内線と国際線の合計

羽田空港はアトランタ，シカゴ，ヒースロー，ロサンゼルス，ダラス空港についで世界第6位の乗降客数を誇っている。ただし発着回数は明らかに少なく，結果として国内線でも1便当たりの乗客数が225人と，ヨーロッパの約2倍という多さである。旅客需要に比して，日

本の空港の発着能力が極めて小さいということを如実に示している。もし日本の国内線の輸送単位が半分になれば，例えば1日8往復しかない羽田―高知便が16往復，すなわち1時間に1便は運航できることになる。もはや航空機が特別な乗り物ではなくなった現在，輸送能力のみならず運航頻度についても考慮する時代だと思う。

もっとも，現在も拡張工事が行われているとはいえ，羽田空港の離発着能力が現在の2倍になるはずもない。しかも国際線の乗り入れも論議され始めている。地方空港でさえもジャンボジェット機が発着できるように滑走路の延長工事が各地で行われているが，よもや羽田便の輸送単位をさらに大きくし便数を減らすなどということのないように願いたい。

自動車を減らすためのプロジェクト

エネルギーの効率と環境問題を別にすれば，自動車は貨物輸送に最適の交通機関である。人間と違い自ら判断して移動することのできない貨物にとっては，乗り換え（積み替え）なしであらゆる場所に直行できる自動車が優れているのは言うまでもない。日本の国鉄が1984年に貨物の取り扱い駅を集約した上でコンテナ化し，あるいはセメントなどの大口の輸送のみを取り扱うようになったのはやむを得ないことであると納得する。

しかし，そんな常識を覆すような大建設プロジェクトがスイスで進行中である。"Alp Transit"プロジェクトである。アルプス交通路建設プロジェクトとでも翻訳できようか。アルプスを南北に横断する2つのルートに，それぞれ延長57km（ゴッタルド峠）と35km（レッチ

ベルグ峠）の鉄道用基底トンネル（地の底を行くほど深いという意味であろう）を建設する，総額7,000億円の大プロジェクトである（**図-1.2**）。それぞれ2011年と2007年に開通予定であり，世界最長のトンネルとなる。

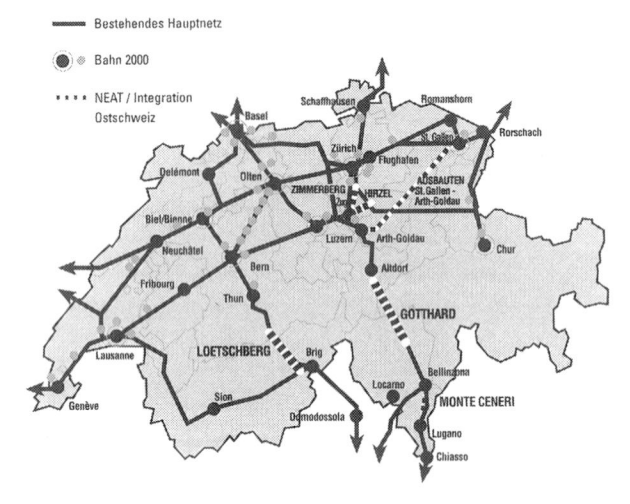

図-1.2 Alp Transitプロジェクト
（中央部2本の白黒線：スイス国鉄のパンフレットより）

もともとスイスはトンネル技術の発達した国である。イタリアと結ぶ1905年開通のシンプロントンネル（**写真-1.6**）の延長は20kmであり，1982年の上越新幹線・大清水トンネル（22km）の開通まで世界一の座を保ち続けた。

スイスはその国土の中央部を東西方向にアルプス山脈が横たわっている。一方でドイツ，フランス，イタリア，オーストリアに囲まれたヨーロッパ交通の要衝であり，自動車の交通量は多く，EUの経済統合により現在も増加し続けている。アルプスの南北を結ぶ高速道路は

○第1章　欧州インフラ紀行

写真-1.6　スイスとイタリアを結ぶシンプロントンネル
（写真は1921年の複線化の際に開通した新トンネルのスイス側入口）

　渋滞し，環境問題への関心も高まり，ついに国民投票により「スイスに用のない貨物自動車の通過の禁止」が可決され，将来施行されることとなった。その対応策として1992年にトンネルの建設が決定し，現在工事が進んでいる（**写真-1.7**）。

　では，なぜこの時代に鉄道トンネルなのだろうか。それは，貨物自動車を列車に積んで運行させるからである。いわゆる「カートレイン」である。荷物の集荷と配達は小回りの効く自動車で，その中間は自動車を束ねて列車で輸送というわけである。積み替えの手間を要さず，かつ高速道路の交通量を削減できるわけであるから，列車さえ頻繁に運行されて安全が確保されれば実に合理的なシステムである。さらに本トンネルには時速200km以上で走行する高速列車も運行予定であり，

写真-1.7
ゴッタルド基底トンネル建設現場

現在最短でも3時間40分を要しているチューリッヒ―ミラノ間293kmが1時間短縮される。

なお，ヨーロッパでは列車に自動車を積むこと自体，それほど珍しいわけではない。アルプスの峠越え道路が整備されていない区間や，ドーバー海峡をくぐるユーロトンネルで列車による自動車の輸送が行われている。さらに，自動車道の整備の有無に関わらず，夜行を含む長距離旅客列車に自動車輸送用の貨車を連結して運行している例も見られる（**写真-1.8**）。

さて，本Alp Transitプロジェクトで特筆すべき点は，その規模のみならず，建設費用の調達先である。スイス国鉄の近代化とあわせ

○第1章　欧州インフラ紀行

写真-1.8　特急列車に連結された自動車輸送用貨車（ウィーン西駅にて）

た総額2兆円（1スイスフラン＝70円として換算）の費用内訳は，重量自動車税，ガソリン税，および付加価値税（消費税）0.1％分の合計で85％であり，借入金はわずか15％に過ぎない。人口700万人足らずの国に2兆円の投資は，国民1人当たり30万円となる。日本の人口規模にすれば38兆円。気の遠くなりそうな額である。

建設コスト

　日本の建設コストは諸外国と比較して高いと言われている。社会基盤施設に要求される一次的な機能に対するコストという点では確かにその通りであると思う。しかし，日本の建設コストが高いのは自然的，社会条件からの必然であるという見方もできる。ヨーロッパを旅した経験を交えながら，その理由を挙げてみよう。

(1) 構造物が多い
　① 立体交差が多い
　人口密度が極めて高く，国土の単位面積当たりでは決して少なくない量の交通施設網が整備されている日本では，必然的に他の路線との立体交差が多くなる。したがって構造物が増える。
　② 地盤が悪い
　水田の真中の高架橋を疾走する新幹線列車は日本の鉄道を象徴する風景である。地盤が悪いため，荷重を支える構造物が大掛かりとなる。一方，ヨーロッパの超高速鉄道はほとんどが地面の上を走行している（**写真-1.9**）。高架橋を見かけた記憶がない。

写真-1.9　新線の切取り区間を走るドイツの超高速鉄道ＩＣＥ

○第1章　欧州インフラ紀行

　いささか極端ではあるが，スウェーデンの鉄道建設工事で地表面まで露出した岩盤を砕いている工程を目にすることができた（**写真-1.10**）。これでは構造物など必要であるはずがない。

写真-1.10　岩盤が地表に露出（スウェーデンにて）

③　平地が少ない

　国土面積の6割を山地が占める日本ではトンネルが多い。スイスやイタリアなどのアルプス地域を別にすれば，ヨーロッパでトンネルを通行する機会は極めてまれである。

(2)　**地震が多い**

　日本の構造物には特に高い耐震性能が要求される。一方，大地震のないヨーロッパではあまりにもスレンダーな橋脚に驚かされる。スウェーデンでは，自動車道路橋の橋脚を歩道橋のそれと見紛うことがあった（**写真-1.11**）。

写真-1.11　スウェーデンの道路橋脚

(3) **用地問題**

あまりにも高い用地費，あるいは用地買収の困難さのために進捗していない工事は多い。

(4) **既存施設の容量に余裕がない**

線路幅が同じこともあり，ヨーロッパの超高速鉄道は在来線に乗り入れ可能である（**写真-1.12**）。用地買収が困難な都心部で，既存の線路や駅施設を利用できるコスト面でのメリットは計り知れない。ヨーロッパの超高速列車が停車する主要都市では，全て在来の線路と駅施設を利用している。新線は郊外部のみの建設である。

しかし，在来施設への乗り入れができるのはその容量に余裕があるからでもある。例えば，東北・上越新幹線の東京—大宮間は，線路の幅が同じであれば在来線を利用できたという見方がある。しかし，在

○第1章　欧州インフラ紀行

写真-1.12　通勤電車と並んだフランスの超高速鉄道TGV
（パリ・リヨン駅にて）

来線は通勤列車だけでも線路容量が逼迫していた。新幹線用に新たに線路を建設せざるを得なかったのである。いまやその新幹線も朝のラッシュ時は4分間隔で運転。容量の限界近くまで列車が走っている状況である。

　需要が増え続けている場合，将来を見越して容量に余裕を持たせた先行投資をしておかないと，いざ容量が逼迫した時やサービスを充実させようとする際に莫大なコストを払うことになる。用地買収は時間が経つほど困難となる。新たな施設を割り込ませるためには高架や大深度地下など，構造が大掛かりとなる。いまや，東京駅ほど上下方向と水平方向に広がっている，いわばすごい構造物だらけの駅は，世界中どこを探しても見当たらないと思う。

以上，思いつくままに列挙してみたが，これらの問題点は日本で社会基盤施設を整備する限り避けられない宿命なのであろうか。それとも，知恵を絞ることによって解決できるのだろうか。

長持ちする構造物

　ヨーロッパの街並みは概して古ぼけた建物から構成されている。築100年を超える建物も珍しくない。もちろん，その内部では現代的な生活なり商業活動が営まれている。一方，日本は，ヨーロッパと比較するとかなり新しい建物で構成されている。商売替えをすると建物を取り壊してあらたに建設することが多い。極端な比喩ではあるが，建物の外観から業種を判断できるのが日本の商店，一方，ショーウィンドーなり看板からしか業種が分からないのがヨーロッパの商店である。

　スイスで撮影した一組の写真をご紹介しよう。チューリッヒ中央駅である。外部は築120年を経過した古色蒼然たる石造りの建物であるが（写真-1.13），内部は改修工事の真最中であった（写真-1.14）。躯体を使い続けることを前提とした上で，建物内部の機能を変更するための工事である。

　もう一例ご紹介する。ヨーロッパの街中では，古い建築物の外壁を生かし，新たな建物を建設している現場を見かけることがある（写真-1.15）。全て取り壊して新しいものを建設した方が安いような気もするが，古い躯体を生かす執念なり技術力の高さに恐れ入った次第である。

　このようなことが可能であるためには，躯体なり構造物が長持ちすることが前提となる。ヨーロッパでは石やレンガ造りの構造が多い。

○第1章　欧州インフラ紀行

写真-1.13　チューリッヒ中央駅

写真-1.14　同　内部

写真-1.15
スコットランド・グラスゴーにて

社会基盤建設の最盛期に鉄筋コンクリート構造が主流でなかったという事情が大きいが，地震がないために現在でも多用されている。しかも内部に鉄筋がないために，腐食の心配をする必要がない。もちろん，最近建設された大規模構造物は鉄筋コンクリート構造であるが。

一方，地震の多い日本の社会基盤施設や近代建築物に多用されている鉄筋コンクリート構造は，レンガや石造りと比較して任意の形状の構造物を容易に建設できる利点がある。しかし，内部の鉄筋が腐食すれば補修は容易ではない。

日本の高度成長期・社会資本整備全盛期はまさに鉄筋コンクリート構造が主流であった時期である。これだけのコンクリート構造物を短期間に建設した国は世界中に見当たらない。したがって，一時期に膨大な量の構造物を対象としなければならないという点からして，コンクリー

○第1章　欧州インフラ紀行

ト構造の維持管理において世界中に参考となる国はないはずである。

　現在，日本の建設投資額のほとんどが新設であり，維持管理はわずかである。一方，ヨーロッパでは新設と維持管理との比率がほぼ同じであると聞く。新設への建設投資が一段落した時，果たして日本がこのような数字になるのか。コンクリート構造の耐久性如何によっては，ヨーロッパの数字は参考にならないのではないか。一から建設し直さなければならない構造物が大量発生することになりはしないか。

　社会基盤施設への投資額を減らさざるを得ない時代がやがて来る。その際の負担をなるべく小さくするためには，将来大量に発生する診断・補修の需要に対応した技術開発がもちろん必要である。

　しかし，耐久的なコンクリート構造物を建設することは，将来の維持管理のための大前提である。建設技術者が取り組むべき課題はまだまだ多いと思う。

イギリス・アメリカ―高レベルの「在来線」

　いわゆる欧米の代表国であるイギリスとアメリカの鉄道についてはあまり良い評判を聞かない。すなわち，

- アメリカ：長距離の移動は鉄道ではなく航空機が主体
- イギリス：もはや鉄道建設に投資する金はなく，したがってロンドン―パリ間500kmを結ぶ特急列車「ユーロスター」は，イギリス国内で在来線の走行を余儀なくされ，本来の所要時間2時間30分が3時間に延びている

― 37 ―

と言われていることをご存知の方も多いと思う。

　しかし，アメリカでは鉄道でも需要が見込まれる区間については日本を上回る輸送サービスを実施している。イギリスでは，鉄道の新設は必要ないのではと思われるほど，過去に質の高い投資を行っている。代表例を2つご紹介する。

① ニューヨークと郊外を結ぶ通勤鉄道

　概して人口密度の小さいアメリカではあるが，北東部のいわゆるメガロポリス地域は集積度が高い。特にニューヨークでは東京同様通勤圏が広がっている。鉄道路線網も発達し，1時間を超える乗車時間で通勤することも珍しくない。郊外の代表的な2都市からの通勤事情をまとめてみた（**表-1.5**）。

表-1.5　ニューヨーク郊外から都心への遠距離通勤事情

	位　置 （東京圏で対応する都市）	所要時間 （東京圏の場合）	運行間隔　朝ラッシュ時	運行間隔　日　中
プリンストン	南西80km（小田原）	80分（90分）	10分	30分
ニューヘブン	北東120km（水戸）	100分（120分）	15分	60分

　平均時速が日本よりも高いのは，線路の容量に余裕があり，途中停車駅の少ない快速電車を運行できるからである。ニューヨークを中心として，190km南西のウィルミントンから北東120kmのニューヘブンまでの310kmの間，4本の線路が並行する複々線であった。アメリカの国力の底力を見る思いがした。

② イギリスの在来線

　イギリスの鉄道はいわゆる「在来線」であるにもかかわらず極めて高速で走行する。ほとんどの幹線で時速200km，一部の区間では225km

〇第1章　欧州インフラ紀行

写真-1.16　ニューヘブン駅（ニューヨークへの通勤電車が続々と発車）

で走行可能である。ロンドンから北へ300kmのヨークまで100分足らずである。同距離である上越新幹線の東京―新潟間の最速列車が所要96分である。驚きを禁じえない。

　日本以外の国で時速200kmの列車の運行を開始したのは，TGVのフランスではなく実はイギリスの方が早い。在来の線路を改良し，高速車両を導入するだけで高速運転が可能である。地形の関係でカーブが緩やかな線形，そして余裕のある線路容量という過去の投資のおかげで，現在のわずかな額の投資で日本の新幹線並みの高い水準のサービスを実現することができる。通勤輸送についても，充実した路線網と高速列車により，日本よりも快適な遠距離通勤が可能となっている。

　なお，ドーバー海峡からロンドンまでの高速新線は，トンネル出口からロンドン方への67kmが2003年に開業予定である。ロンドン付近の

写真-1.17　イギリスの特急列車 InterCity 225（時速225kmで走行可能）

写真-1.18　2階建て通勤列車
　（ボストン南駅にて：乗客全員の着席を前提とした輸送サービス）

○第1章　欧州インフラ紀行

41kmについても近々着工する予定である。

ドイツ・フランス―ハブ空港への集中投資

　ヨーロッパ大陸の大国であるドイツとフランスは，陸続きのライバルである。社会基盤施設，特に空港や超高速鉄道については，EU内での覇権争いもあり，相手の様子を横目でにらみながら整備を進めている。

　超高速鉄道については現在も路線を拡張中である。2001年6月にはフランスで高速新線が地中海方向に250km延伸され，パリから700km離れたマルセイユまで3時間で結ばれた。この他，2001年中に東部ストラスブールに向けて300kmの新線が着工の予定である。一方のドイツは，2002年中にフランクフルトからケルンまで200kmの高速新線が開業予定。フランクフルト空港を拠点とした国内航空の代替輸送が実現する。

　ドイツの東西の統合によりややバランスは崩れたが，ほぼ同程度の人口と経済力を有する両国には，社会基盤を計画する上で決定的な違いがある。一言で言えば，「フランス＝パリを中心とした一極集中型」「ドイツ＝多極分散型」である。パリ都市圏には国全体の人口の6分の1が集まっている。したがって，フランスの鉄道はパリを中心とした放射状の路線網が形成されている。「どこへ行くにも一度パリに出るのが便利」と形容される。

　一方，ドイツの代表となる都市を1つに決めることは難しい。首都ベルリンの人口が最多（350万人）で政治の中心であるとはいえ，国土の東端，旧東ドイツ領内である。ハンブルク（170万人），ミュンヘン（125万人），ケルン（90万人），フランクフルト（69万人）と，核

― 41 ―

となり得る都市および都市圏が他にも存在している。

　しかし，国の玄関口である国際空港については，両国とも1箇所に集中させるという点で共通している。国際的なハブ空港の地位を確保するためには，1箇所に集中させた方が良いという判断であろう。

　フランスの空の玄関口をパリとすることについて異議を唱えるフランス人はいないであろう。しかし，ドイツの玄関口を人口5番目のフランクフルト1箇所のみとしたことについては，交通計画の責任者の見識，そして各地域の合意を得るための対策がなければできないことだと思う。実際，ベルリン，ハンブルグ，ミュンヘンとフランクフルトを結ぶ航空便がほぼ1時間おきに運航され，フランクフルト発着の国際便との乗り継ぎは極めてスムーズである。ケルンやデュッセルドルフには超高速鉄道ICEによるフランクフルト空港駅からの直行サービスが開始予定であることは先に紹介したとおりである。

　翻って日本の状況はどうか。国の玄関口であるべき成田空港からは，首都圏以外の日本国内へのアクセス，すなわち鉄道や航空機による直接連絡は事実上不可能である。せめて関西空港は，国内線と国際線が集中する，乗り換えが便利な空港となると信じていた。しかし，伊丹空港が残ってしまい，国内線の大部分は大阪の都心に近い伊丹発着のままである。成田と羽田との関係同様，国際線と国内線の乗り継ぎは極めて不便である。結果として，前日泊が必要な国際空港がもう1つでき上がっただけのような気がする。

　社会基盤に投資できる金額は限られている。限られた予算の中で効果をあげるには，多くの地域への中途半端なばら撒き投資ではなく，少数への集中的な投資が必要となる場合があると思う。また，いくら

○第1章　欧州インフラ紀行

財政に余裕があって多数の施設を建設しても，肝心の需要が少なすぎて十分な数の便が運航されず，結局ないのと同じという結果になる恐れすらあると思う。

「結局便数の多い成田に出るしかない」と羽田から大荷物を抱えて移動したり，国内線の便数の少ない関西空港のホテルに前日泊しなければならない高知在住の筆者は，フランクフルト空港に降り立つたびにため息をつく。

写真-1.19　パリ・シャルルドゴール空港に乗り入れる超高速鉄道TGV
（フランス国内各地に直行：国内航空の代替が可能）

アイスランド—小さくてもきらりと光る国

イギリスのお隣のアイルランドと間違えそうな国名で，日本人にはあまりなじみがないかもしれない。北アメリカ大陸とヨーロッパ大陸

とのほぼ中間の，北緯60度以上の大西洋上に位置する島国である。国全体の人口27万人，首都レイキャビクの人口が10万人であるから，ちょうど高知県と高知市の人口を3分の1ずつに縮小した規模である。ただし，国土面積は北海道とほぼ同じであるから，人口密度は桁違いに低い。

　一方，1人当たりの国民所得は年間30,000ドルと，日本と遜色なく世界のトップクラスである。本当かな？　と思い飛行機を降り立つと，手付かずの大自然と見事に調和した豊かな国であることに驚かされる。茨城県水戸市の人口規模で独自の外交を行い，通貨を発行し，航空会社まで経営していることは驚異的である。

　コンクリート技術者が国全体で100名程度という規模ながら「アイスランドコンクリート工学協会」が組織されている。さすがに日本のコンクリート工学協会のように年次大会を開催するほどの規模ではなく，他の北欧4ヶ国（スウェーデン，デンマーク，ノルウェー，フィンランド）とともに「北欧コンクリート工学会」を組織し，持ち回りで大会を隔年開催している。この5ヶ国の人口を合計しても日本の5分の1弱ではあるが。

　コンクリート工学上，アイスランドで特筆すべきはフレッシュコンクリートのレオロジー技術である。国立建築研究所のオラフル・ワレビック博士は世界的に有名なレオロジーの大家であり，彼が独自に開発した二重円筒型粘度計は世界中で使用されている。さらに毎年レオロジーセミナーを開催し，ヨーロッパ中から人を集めている。レオロジーを武器に世界中を飛び回る姿はまさに現代のバイキングである。

○第1章　欧州インフラ紀行

写真-1.20
ハトルグリム教会
（鉄筋コンクリート建築）

　航空機が発達した現在，規模は小さくても「ここにしかない」ものがあれば，辺境であっても世界中から一目置かれる存在となることができる。アイスランドはそのことを実証している。

　もっとも，地球が球体である以上，ある地点から見た辺境は，広く眺めれば実は交通の要衝となる可能性もある。アイスランドはヨーロッパとアメリカのちょうど中間という場所である。ロンドンへ3時間，ボストン・ニューヨークへは5時間という便利さである。そう考えてみると，日本国内では辺境と位置付けられてしまう沖縄も，東アジア全体を眺めれば東京までの距離内にソウル・台北・上海・北京・香港・マニラが入るという地の利がある。

　話が脇道にそれたが，日本の建設業界も，工事の量ではなく，技術力で稼がなければならない時代がそう遠くない将来にやってくる。そ

− 45 −

写真-1.21 首相官邸（大通りに面し，門扉なし，車寄せなし，警備員は受付に1人だけという，アイスランドの国の規模同様にかわいらしい木造2階建てのオフィス）

の際，小さくてもきらりと光るアイスランドのような国があることを心にとどめておくことが必要だと思う。

スウェーデン ― 欧州SCCの旗振り役

　北欧5ヶ国中，最も人口が多い国がスウェーデンである。といっても900万人と日本の15分の1程度であるから，日本の1.2倍という国土面積を別にすれば立派な小国である。

　「森と湖の国」との印象しかなかったこの国は，今やヨーロッパでの自己充填コンクリート推進の旗振り役として認識されるに至った。1997年1月，RILEM（国際材料構造試験研究機関連合）の自己充填コンクリート委員会が発足した。日本以外では初めての自己充填コン

○第1章 欧州インフラ紀行

クリート（SCC）に関する研究委員会であり，自己充填コンクリートが日本から世界に1人歩きを始めた瞬間であった。本委員会創設の中心メンバーであり委員長となったのが，スウェーデンのセメント・コンクリート研究所（CBI）所長のオーク・スカレンダール博士である。1999年9月には，前年の高知に引き続いて自己充填コンクリート国際シンポジウムを首都ストックホルムで開催。ヨーロッパを中心として世界中から200名以上が参加し大盛況であった。

　もちろん，スウェーデンの自己充填コンクリートに対する取り組みはこれだけにとどまらない。普及のための積極的な取り組みが効を奏し，取り組みを開始してからわずか5年程度で全コンクリートに対する普及率は少なくとも3％にのぼっている。発祥の国・日本は開発から12年後の現在でわずかに0.2％であるから，CBIを中心としたスウェーデンの取り組み方のすごさが良く分かる。具体的にご紹介しよう。

写真-1.22
CBI（スウェーデンセメント・コンクリート研究所）

- 47 -

写真-1.23 ストックホルム地下鉄（硬い岩盤をくりぬいてでき上がった駅：ダイナマイトを発明した国ならではの光景）

① 発注者と一体となった取り組み

スウェーデン道路庁との協力により，すでに10以上の橋梁に適用されている。自己充填コンクリートの使用によるコスト削減効果を5〜10％と算定し，普及に弾みをつけている。

② 自己充填コンクリート製造講習会の開催

製造に携わる技術者を対象として，CBI主催による講習会を開催している。講義と実技を2日間かけて行う（**表-1.6**）。1998年9月以来すでに10回開催，受講者は200名を数えている。大した数ではないように思えるが，国全体で生コン工場が200しかない国である。すでにほとんどの大手工場での出荷体制が整備されているとのことである。製造体制の整備という案自体は著者らが10年前に作っていたのである

表-1.6　CBIの自己充填コンクリート製造技術講習会プログラム

技術開発および適用の歴史　25分間
レオロジーの基礎　90分
モルタルとコンクリートのレオロジー　60分
材料の選定と配合設計　90分
製造方法　30分
フレッシュ時および硬化後の性状　30分
閉塞限界の計算　90分
実技（骨材試験，モルタルのレオロジー，自己充填性試験）　240分
技術の現状　30分

が，実行はスウェーデンに先行されてしまったことになる。

さらに，2001年夏，CBIはついにこの講習会を英語で開催し，受講者を世界中から募るようになった。したたかな国であると感心するばかりであるが，オリジナルの技術を持っていながら世界中に展開しない国の方が控えめすぎるのかもしれない。

ノルウェー・デンマーク・スウェーデン
― 協調と競争

北欧5ヶ国（アイスランド，スウェーデン，デンマーク，ノルウェー，フィンランド）の中でも，隣接しているスウェーデン，デンマーク，ノルウェーの3ヶ国は極めて密接な関係にある。その密接な関係をさらに緊密化することが期待されているのが，2000年7月開業のエーレスン海峡連絡固定設備（フェリーに依らないで連絡できる設備という意味）である。コペンハーゲンとスウェーデン最南部の都市マルメとの間のエーレスン海峡を，合計16kmの世界最長の沈埋トンネル（3.5km）

・人工島（4km）・橋梁（8km）とで結ぶ，総工費約3,000億円，工期5年の大建設プロジェクトであった。デンマークとスウェーデン，ノルウェーを陸続きとした，道路・鉄道併用の設備である。本プロジェクトにおいて，最後の沈埋函の接続部に自己充填コンクリートが使用されている。

コペンハーゲン―マルメ間が，途中コペンハーゲン空港駅を経由してわずか30分。早朝から深夜まで20分間隔で電車が運行している。国境をまたぐ通勤圏ができ上がった。

もっとも，お互いの国に対する対抗意識は結構強いように思う。酒が入ると他国の悪口になることがある。ただし，その対抗意識を良い方に向けていることは確かであると思う。具体例を挙げてみよう。

① **空港連絡鉄道**

1998年から99年にかけて，それぞれの首都の都心と国際空港を結ぶ連絡鉄道が相次いで開業した（**表-1.7**）。いずれも，多くの地域に直行可能な便利な鉄道となっている。オスロに至っては，都心から空港までの50km間に全くの新線を建設し，電車が時速200kmで走行している。これは実質的に新幹線と呼ぶべきものである。

これらの建設プロジェクトについて各国が協調したとも思えず，そ

表-1.7　各国首都の空港連絡鉄道の概要

	開業	運行間隔	距離	所要時間
コペンハーゲン	1998年	10分	12km	12分
オスロ	1999年	10分（早朝深夜は20分）	52km	19分
ストックホルム	1999年	15分（早朝深夜は30分）	31km	30分
東京（JR）	1991年	60分（朝夕は30分）	78km	50分

○第1章　欧州インフラ紀行

の必要性もないことから，やはり隣国の状況を横目でにらみながら，結果としてほぼ同時期に開業したと見るのが自然であろう。うらやましい限りである。

②　自己充填コンクリートに対する取り組み

スウェーデンはヨーロッパにおける自己充填コンクリート推進の旗振り役であるが，これは他の北欧諸国にも影響している。特にノルウェーの積極的な取り組みが目立つ。自己充填コンクリートに関する国際会議における，両国からの発表数の割合を見てみよう（**表-1.8**）。最近のノルウェーの勢いは凄まじい。スウェーデンに対する対抗意識の現れではないか。なお，2001年10月の「第2回自己充填コンクリート国際シンポジウム」では，北欧5ヶ国からの参加者数が海外からの全参加者数の50%を占めていた。

表-1.8　自己充填コンクリートに関する国際会議での発表数（スウェーデンとノルウェーからの発表数の合計を100%とした場合の両国が占める割合）

	1998年 高　知	1999年 ストックホルム	2001年 東　京
スウェーデン	100%	94%	36%
ノルウェー	0	6%	64%

近隣にライバルとなる経済力が同程度の国が存在しなかったことは日本の社会基盤の整備にとって実は不運であったと思わざるを得ない。水を空けられても，海の向こうの遠い欧米のことであり自分に影響なしとして真剣には取り合おうとしてこなかったのではないか。

しかし，すでにアジア各国の追い上げは凄まじい。特にハブ空港の地位をめぐる競争において日本は劣勢に立たされている。

写真-1.24 コペンハーゲン空港駅（手前側がエーレスン海峡・マルメ）

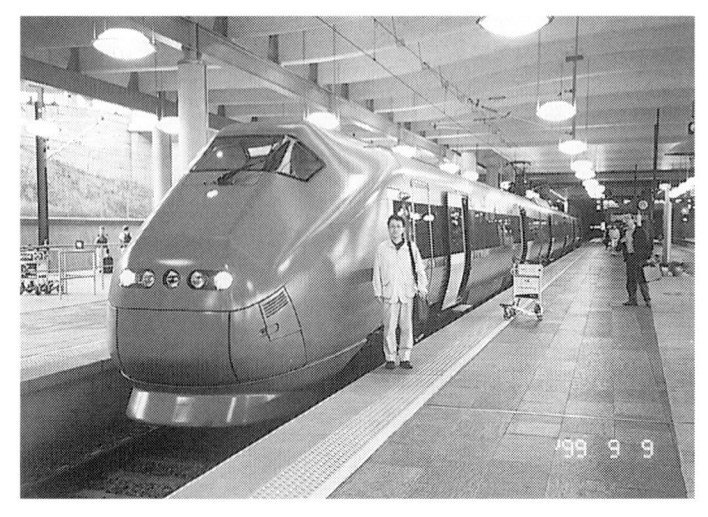

写真-1.25 オスロ空港駅

○第1章　欧州インフラ紀行

オランダ・台湾・スウェーデン
―小国と自己充填コンクリート

　自己充填コンクリートの開発からすでに10年以上が経過した。1995年頃から海外でも普及のための取り組みが活発化してきた。特にスウェーデン，オランダ，台湾の3ヶ国はいまや日本の普及率を上回るまでに至っている（**表-1.9**）。これら3ヶ国の普及率は少なくとも今後数年間は1年ごとに倍増する見通しである。

表-1.9　自己充填コンクリートの普及率（2000年）

	生コン	工場製品	人口
オランダ	0.1%	4%	1,600万人
スウェーデン	3%	約5%	900万人
台湾	0.3%	0	2,100万人
日本	0.2%	0.6%	12,500万人

　スウェーデン以外の各国の取り組みについて簡単にご紹介しよう。

　オランダでは，生コンクリート，工場製品とも業界団体が中心となって自己充填コンクリートの普及に取り組んでいる。特筆すべきは，日本人が直接技術指導した点である。著者は2000年秋に製品工場を見学したが，自己充填コンクリートが，普通のコンクリートとして当たり前のように打設されている様は衝撃的であった（**写真-1.26**）。自己充填コンクリートのみを使用している工場もいくつかあり，もちろんバイブレータの音を聞くことはない。自己充填と普通コンクリートを併用している工場は，決して技術や設備の制約からではなく，製品の形状の関係で流動性の大きい自己充填コンクリートを使用できない（打

写真-1.26
工場製品への自己充填
コンクリートの打設
（オランダ）

設したコンクリートが流れ出る）ものがあるからだそうである。

　オランダの製品工場を見学して感心したことがある。表面の気泡が結構目立つことである。粘性の高い自己充填コンクリートの表面気泡をなくすことに日本ではかなり力を注いでいるからである。「このまま出荷するのか？」と工場の技術者に尋ねたら，「コンクリートの性能自体に何ら問題はないからこのまま出荷する」との答えであった（**写真-1.27**）。この製品は建築用壁部材であり，外側にレンガを張るので外見を気にする必要はないからではあるが，合理的な思考にただ感心するばかりであった。

　一方の台湾では，旺盛な建設需要，そして1999年に発生した大地震を契機とするコンクリートの耐久性に対する関心の高まりを背景に，特に建築物への適用が増えている。いまだ工場製品への適用には着手していないが。

− 54 −

○第1章　欧州インフラ紀行

写真-1.27
工場製品の表面気泡
（オランダ）

　以上ご紹介した国々はいずれも日本よりはるかに人口の少ない小国である。一方，ヨーロッパの大国であるイギリス・フランス（いずれも人口約6,000万人），ドイツ（8,000万人）での自己充填コンクリートの取り組みのペースは遅い。昨年あたりからようやく実施工例が出てきた程度である。

　大国と小国とでは新技術の普及の仕方がこれほど違っているという事例をご紹介した。

スイス ―「どこにでも鉄道」の意義

　鉄道好きの人間にとって，スイスは最も楽しい国の1つである。国鉄・私鉄を合わせて5,000kmという路線延長距離自体は大した数字ではないが，人口700万人の小国である。1人当たりで日本の3倍，単位

面積当たりでは2倍という充実した路線網を有している。主要な施設や住宅地を鉄道の駅から離れた場所に建設することなどスイスでは考えられず、したがって著者自身タクシーを利用した経験が皆無である。万一エネルギー危機等で自家用車を放棄せざるを得ない事態となった場合、即座に対応可能なのは世界中でスイスだけであろう。

もちろん、スイスの鉄道自体を紹介するのが目的ではない。充実した路線網、そして車窓からアルプスのすばらしい景観を楽しむことのできるスイスの鉄道が社会基盤整備の観点から非常に示唆的であると思うので、具体例を挙げて紹介する。

① 登山鉄道

登山家しか足を踏み入れることのできない場所に、スイスの登山鉄道は一般人を運んでくれる。スイスの鉄道はアルプスの頂上を含めて到達不可能な場所はないと形容されるほどである。ユングフラウヨッホ鉄道（終点の標高3,454m）やマッターホルンを間近に見ることのできるゴルナーグラート鉄道はあまりにも有名である。もちろん並行する道路などなく、旅客以外の物資（食料、資材や廃棄物など）も全て鉄道で輸送している（**写真-1.28**）。

② 鉄道による自動車の輸送

本章の「自動車を減らすためのプロジェクト」にてご紹介したとおりである。末端輸送は小回りのきくトラックで、中間は高速道路の代わりとしてトラックを束ねて輸送する列車のためのアルプス基底トンネル2本（それぞれ長さ57kmと35km）を現在建設中である。これ以外にも道路の整備されていない区間でカートレインが運行され、気軽に

○第1章　欧州インフラ紀行

写真-1.28　ゴルナーグラート駅
（標高3,089 m，右側の電車の後部に貨車が見える）

利用できるのがスイスの特徴である。

　頑なに環境を保護しようとすると，「手を触れない」「何もしない」ことが最善であると考えがちである。しかし，スイスでは，「便利な生活をしたい」「美しい自然に触れてみたい」という人間の欲求と，環境保護との折り合いをつけようと努力している。そのための手段としての社会基盤，特に環境への影響が小さい鉄道に惜しみなく投資している。
　なお，このゴルナーグラートの麓の町・ツェルマットは内燃機関付き自動車の乗り入れを禁止している。駅前には電気自動車と馬車しか見当たらない（写真-1.29）。では自動車は？　というと，ツェルマットの1つ手前の駅前に広がる大駐車場に否応なく預けなければならない（写真-1.30）。この駐車場とツェルマットとの間は電車が20分間隔でピストン輸送している。谷に挟まれている地形上の制約から自動車

写真-1.29 ツェルマット駅前

写真-1.30 テッシュ駅前に広がる大駐車場（ツェルマットの1つ手前の駅）

乗り入れを禁止した由であるが，歩いてみると実にすがすがしく，アルプスのリゾート地にふさわしい雰囲気がある。

山がちな国土という共通点，そして決してスイスに劣るとは思えない美しい国土を有する日本の社会基盤投資の将来について参考とすべき点が多いと思う。

スイスのコンクリート事情についても特徴的な点をご紹介したい。

スイスの1人当たりのセメント需要，生コンクリート生産量，および生コン転化率は日本とほとんど同じである（表-1.10）。西ヨーロッパ諸国の年間セメント消費量が1人当たり約300～400kgであるから，スイスの需要は極めて多いことになる。

表-1.10 スイスと日本の1人当たりセメント・コンクリート需要

	セメント消費量	生コンクリート生産量	生コン転化率
スイス（1999年）	517kg	1.3 m³	74%
日　本（2000年）	571kg	1.2 m³	71%

もう1つ特記すべきは，世界最大規模のセメントや混和剤メーカーの本拠地であるという点である。ただし人口700万人の小国であるから，いくら近隣諸国と比較して需要が旺盛であるとはいえ，そのことが規模を大きくしたとは到底考えられない。世界各国に積極的に進出し，グループ化を図った結果である。世界各国から集まり，スイスを拠点として活躍している研究者・技術者も多いと聞く。

スイスのセメント・コンクリート産業のあり方も示唆的である。

【参考文献】
Jane's WORLD RAILWAYS 2000－2001，2000年
数字で見る鉄道2001，運輸政策研究機構，2001年
和久田康夫・廣田良輔編：西ヨーロッパとアフリカの鉄道，吉井書店，1994年
和久田康雄・廣田良輔編：東ヨーロッパとオセアニアの鉄道，吉井書店，1996年
杉浦一機：巨大利権「空港建設」，宝島社新書，2000年
航空統計要覧2001年版，日本航空協会，2001年
ホームページhttp://www.oresundskonsortiet.com/

第 2 章

セメント需要の変遷

ひところの勢いは失われたとはいえ，日本の建設工事は欧米諸国と比較するとまだ多いと思う。一方，アジアの国を旅すると，建設ラッシュに驚くなり懐かしさを憶えることも多い。実際に各国の工事量はどの程度なのだろうか。数字で示されることが望ましい。

　このような考察をする際，よく用いられるのが「建設投資額」などのお金に関する指標である。しかし，各国における建設コストの構成，物価水準や為替レートの差異により，これらを比較することにそれほど意味があるとは思えなかった。

　そこで本章では，各国の建設工事を定量的に示す簡便かつ明快な指標として，セメントの消費量に着目した。「建設工事の量」イコール「建設する構造物の量」であり，さらにこれがセメントの消費量に対応していると仮定した。セメント新聞編集部とセメント協会のお手を煩わせて，主要各国の1人当たりのセメント消費量を調べてみた。もちろん，国によって建設材料におけるコンクリートの占める割合が異なっているために完璧な指標とはいえないが，ある程度の目安になると思う。

　本章で使用したデータは，各国の毎年のセメント消費量，および国内総生産（GDP）のみである。しかし，たったこれだけのデータでも，あれこれと組み合わせることにより，社会基盤整備，建設需要や構造物の維持管理について多くのことが分かることに驚く。

各国のセメント需要

　各国の1人当たりの年間セメント消費量を欧米とアジア・オセアニア・アフリカ諸国とに分け，多い順に並べたのが**表-2.1**である。

○第2章　セメント需要の変遷

表-2.1　主要国の1人当たりセメント消費量（特記以外1999年）
（単位：kg/人）

欧　米　諸　国		アジア・オセアニア・アフリカ諸国	
ポルトガル	1024	ブルネイ	2,658
スペイン	878	アラブ首長国連邦	2,125
ギリシャ	829	シンガポール	1,542
アイルランド	785	クウェート	1,090
イタリア	628	韓国（2000）	1,011
オーストリア	625	イスラエル	849
ベルギー	583	台湾（2000）	820
日本（2000）	571	サウジアラビア	693
スイス	517	香港	654
EU諸国平均	495	日本（2000）	571
アイスランド	468	マレーシア（2000）	532
ドイツ	463	トルコ	490
アメリカ	382	中国（2000）	453
オランダ	382	オーストラリア	426
フランス	342	エジプト	375
フィンランド	305	タイ（2000）	291
ノルウェー	292	世界平均	267
デンマーク	279	ニュージーランド	255
メキシコ	268	南アフリカ	183
世界平均	267	フィリピン（2000）	160
カナダ	249	ベトナム	127
ブラジル	243	インドネシア（2000）	109
イギリス	217	インド	97
スウェーデン	178	パキスタン	65
ロシア	168	バングラデシュ	41

　欧米諸国と比較すると日本の1人当たり消費量は明らかに多い。日本を上回っているのはポルトガル，スペインとイタリアなど数ヶ国のみである。スイス，ドイツが若干少ない程度，英仏は日本の半分程度である。アメリカや，自己充填コンクリートで気を吐くオランダとスウェーデンの消費量も少ない。

一方，アジア諸国はどうか。まず目につくのは産油国や都市国家・シンガポールの突出ぶりである。先進国に遜色ない経済力はもちろんのこと，極めて狭い地域に経済活動や居住地が集中し，建築を含めて構造物が高層化している結果であろう。産油国では過酷な気象条件による耐久性の問題も考えられる。

写真-2.1　アラブ首長国連邦（UAE）の首都・アブダビ

　これらの国々の下に韓国，台湾といった新興工業国が位置し，そして日本が登場する。アジア諸国の中では中位といったところか。日本の直下にはマレーシア，中国やタイが控えている。ベトナムやインドはかなり少ない。
　さて，各国の現在の消費量を比較していると，過去を知り，そして将来を予測したくなってくる。例えば，こんなことについて考えてみたい。

○第2章　セメント需要の変遷

> **欧米諸国について**
> ・かつての欧米諸国の消費量は現在よりも多かったのか。もしそうならば最盛期と比較してどの程度減少しているのか。
> ・日本の高度成長期のように短期間で大量の建設が行われた時期は存在するのか。
> ・過去の消費量の累計は日本よりも多いのか。
>
> **アジア諸国について**
> ・韓国や台湾の消費量が日本を追い抜いたのはいつか。
> ・中国やベトナムは間違いないとしても，韓国や台湾の消費量はまだ増えるのか。
> ・かつて日本の消費量が現在の韓国や台湾並みに多かった時期はあるのか。

　なお，1999年の1人当たりセメント消費量の世界平均は267kg/人であった。コンクリートの単位セメント量を300kg/m³と仮定すると，世界中で1人当たり1m³弱のコンクリートが毎年増え続けていることになる。この数字には大いに驚くべきだと思う。コンクリートが環境に与える負荷は決して小さくないと思うが，少し工夫するだけでトータルの負荷がものすごく小さくなるということに合点が行った次第である。

欧米諸国のセメント需要の変遷

　現在の欧米諸国の1人当たりセメント消費量が概して日本より少ないことはご紹介したとおりである。では，過去の消費量はどうだったのか。日本よりも早く社会基盤施設の整備が進んだと言われている欧米の消費量の変遷を知ることは，日本の将来を予測する上で参考になると思う。

表-2.2 戦後50年間の1人当たりセメント消費量の推移 (単位：kg/年)

年	イギリス	フランス	ドイツ	オランダ	スイス	スウェーデン	イタリア	スペイン	アメリカ	カナダ	日本
1950−54	183	180	294	177	300	259	146	88	268	238	78
55−59	214	263	350	239	476	313	251	150	310	314	136
60−64	268	340	480	301	648	400	391	236	308	317	266
65−69	316	481	538	393	703	491	485	429	327	355	400
70−74	324	566	624	446	849	445	616	555	355	375	608
75−79	276	526	524	424	599	318	646	585	334	390	624
80−84	239	458	465	358	663	239	673	480	291	294	632
85−89	276	410	392	364	751	228	613	534	339	323	596
90−94	233	385	453	346	675	210	684	667	308	254	664
95−99	219	329	445	357	537	165	602	687	362	246	608
現在とピーク期の比率	0.68	0.58	0.71	0.80	0.63	0.34	0.89	1.00	1.00	0.63	0.91

　欧米主要国の1人当たりセメント消費量の推移をまとめた（表-2.2）。第二次大戦後の1950年から1999年まで5年間ごとの1人当たり年間セメント消費量の平均値を示している。例えば，イギリスでは，1950年から54年までの5年間について，年間消費量の平均値が183kg/人ということである。さらに各国について，最大値を記録した消費量にアミかけを付けた。

　西ヨーロッパのほとんどの国ですでにセメント消費のピークを過ぎていることは明らかである。1970年代初頭にピークを迎え，その後若干の増減はあるものの，長期的に見れば低落基調である。スペインが例外的に増加傾向であるが，まだ発展の途上ということであろう。

○第2章　セメント需要の変遷

　アメリカは戦後50年間で多少の増減はあるものの，最新のデータである1999年の消費量が過去最高を記録している。未曾有の好景気の影響であろう。しかしながら，他のヨーロッパ諸国と比較して明確なピークと呼ぶことのできる時期がなかった経緯と無関係ではないと思う。

　一方の日本は，戦後45年間，セメント消費量は基本的には一貫して増加しつづけていた。このような国は欧米には見られない。しかし，1991年以降，この10年間は減少傾向である。バブルの崩壊が直接の引き金であるとはいえ，ヨーロッパ諸国の消費量の変遷を見れば昨今の減少傾向は当然の成り行きであると思う。

　では，ヨーロッパ各国の消費量はピーク時からどの程度減少しているのだろうか。現在（1995－99年）の消費量の下に，ピークを記録した5年間の消費量との比率を示した。ヨーロッパ諸国のほとんどでピー

写真-2.2　自己充填コンクリートのデモンストレーション
（スウェーデン・RILEMシンポジウムにて　1999年）

クを迎えた後の30年間で消費量が6～7割にまで減少している。驚くべきはスウェーデンであり，ピーク後の30年間で消費量が3分の1にまで落ち込んでいる。

　しかし，減少基調の消費量，そしてその量自体も日本より少なく，数字だけを見れば決して先行きが明るいようには見えない割には，ヨーロッパのセメント・コンクリート業界は新技術に積極的に取り組むなど元気が良い。日本はまだまだ余裕があるはずである。

アジア地域のセメント需要

　世界各地域のセメント消費量が世界全体の需要に占める割合の変遷を表示してみた（図-2.1）。第二次大戦直後の1947年，世界のセメント需要の90％近くが欧米諸国により占められていた。しかし，以後，アジア地域の占める割合が急増し，現在では60％に達している。アジア地域の経済成長を物語っている。

　1人当たりの消費量では，アジア280kg，ヨーロッパ347kg，アメリカ288kg，アフリカ98kg，オセアニア338kgとなる。アジア諸国内での平均値は全世界の平均値267kgとほぼ等しい。

　もっとも，アジアの国々の中での差は極めて大きい。アジアをさらに地域別に分けてみると，西アジア（イスラエルからイランまで，人口約2億人）409kg，西南アジア（インド周辺，14億人）86kg，東南アジア（4億人）162kg，東アジア（16億人）463kgである。

　西アジアの国々の消費量が多いのは産油国が多いためである。人口規模がほぼ等しい西南アジアと東アジアのセメント需要には極端な開きがある。

○第2章 セメント需要の変遷

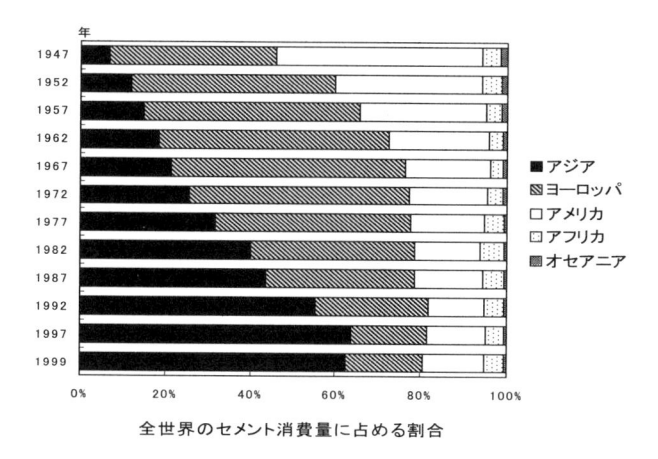

図-2.1 各地域のセメント需要が全世界に占める割合

アジア諸国のセメント需要の変遷①
－台湾・韓国

　1人当たりでも国全体でも日本がアジア諸国の中でトップクラスの経済力を有していることは間違いないが，1人当たりのセメント消費量では中位に属している。日本より多い国は，アラブ首長国連邦（UAE）やサウジアラビアといった産油国，都市国家：シンガポール・香港，そして経済発展の著しい韓国，台湾である。これらの国の中で国土の条件が日本に最も近いのが台湾と韓国である。

　日・台・韓の，1970年から現在までの1人当たりセメント消費量の推移を見てみよう（**図-2.2上**）。台湾が日本を追い抜いたのは1980年。その後ほぼ同程度で並んでいたが，1986年からは完全に上回っている。韓国は台湾よりも遅く，1988年に日本を追い抜いた。ソウルオリンピックの年である。以来今日まで日本が両国を逆転したことはない。

－ 69 －

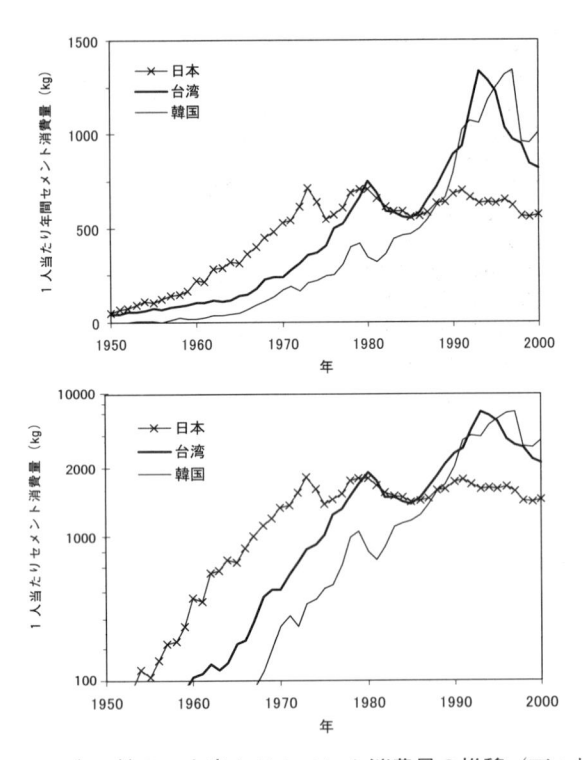

図-2.2　日・台・韓の1人当たりセメント消費量の推移（下：対数目盛）

　セメント消費量の増加率を見るために，グラフの縦軸を対数目盛りで表示してみた（図-2.2下）。おおよそ7年間の差で台湾が日本を，そして韓国が台湾を追いかけている様子が良く分かる。もっとも，台・韓両国の消費量の伸びは日本よりも凄まじく，1990年代初頭には軽く年間1,000kgを超えてしまった。日本の最高値は1973年の715kgであるから，日本を基準とすれば両国の建設投資の水準は異常とも言える。もっとも，欧米諸国から見れば日本の建設投資の水準も異常だったのであろうが…。

○第2章 セメント需要の変遷

　両国の高いセメント需要はいつまで続くのだろうか。台湾は1993年をピークに，現在まで一貫して減少傾向にある。現在の消費量はピーク時の約6割である。台北—高雄間の新幹線や高雄市地下鉄の建設などのプロジェクトが未だに目白押しではあるが，戦後の1947年から2000年までのセメント消費の累計を現在の人口で割ると，すでに日本の累計と同程度にまで達している（表-2.3）。そう言われてみれば，台北市の地下鉄建設は一段落し，台北—高雄間の第二高速道路も建設のピークを迎えている。首都・台北市はもはや東京同様，構造物だらけの様相を呈している。

表-2.3　1人当たりのセメント消費量とGDP

	2000年現在	ピーク時（年）	1947年からの累積	GDP（1999年）
台　湾	820kg	1,332kg（1993）	21.1トン	13,026ドル
韓　国	1,011kg	1,339kg（1997）	18.2トン	8,685ドル
日　本	571kg	715kg（1973）	21.5トン	34,362ドル

　韓国は1997年が消費のピークであった。アジア経済危機の影響であろう。その後の減り方は凄まじかったが，2000年は何とか前年割れせずに済んでいる。1947年以来のセメント消費量の累積では未だ日・台に及んではいない。1人当たりGDPもまだ台湾と差があるが，今後の消費量については現時点ではよく分からない。

　さて，台湾，韓国ともこの10年間に1人当たりで日本の2倍近い量のセメントを消費してきた。単純に推定すれば，両国は数十年後に，日本では経験したことのない，想像を絶する量のコンクリート構造物について一度に補修の時期がやって来るということになる。

写真-2.3
高層ビルの建設ラッシュ・高雄市（背後は378m・85階建のビル，台湾第一の高さ）

アジア諸国のセメント需要の変遷②
ーマレーシア・中国・タイ・ベトナム・インド

　未だ1人当たりのセメント消費量が日本（571kg/人）よりも少ないが，今後の伸びが予想されるアジアの国々は，マレーシア（531kg），中国（453kg），タイ（291kg），フィリピン（172kg），ベトナム（135kg），インドネシア（93kg），インド（85kg）などであろう（図-2.3上）。これらの国にはまだまだ経済成長の余地がある。

　さて，これらの国々うち日本の直下に控えているのがマレーシア，中国とタイである。マレーシアと中国が日本に追いつくのもあとわずかという状況である。特に中国は世界一の人口を有する国であり，総消費量では世界一のセメント・コンクリート大国，日本の8倍である。一方のタイは1997年の経済危機により現在の消費量がピーク時の半分

○第2章 セメント需要の変遷

以下という状況であるが，いずれ回復するであろう。3国ともひところに比べれば社会基盤の整備は進んできたが，戦後の消費の累計は，日本，台湾，韓国と比較して未だに数分の1程度である。

近年の最も注目すべき成長株は日本からの直行便も運航を開始したベトナムであろう。1991年に本格化したドイモイ（刷新）政策による経済成長により，絶対量はまだまだ小さいがセメント需要が急激に伸びている（図-2.3下）。2001年3月にはベトナム建築研究所（ハノイ市）主催でコンクリートに関する国際会議も開催された。今後のさらなる需要増を背景とした，コンクリート工学に対する関心の高さをひしひしと感じた。セメントは作った分だけ売れていく状況と聞く。

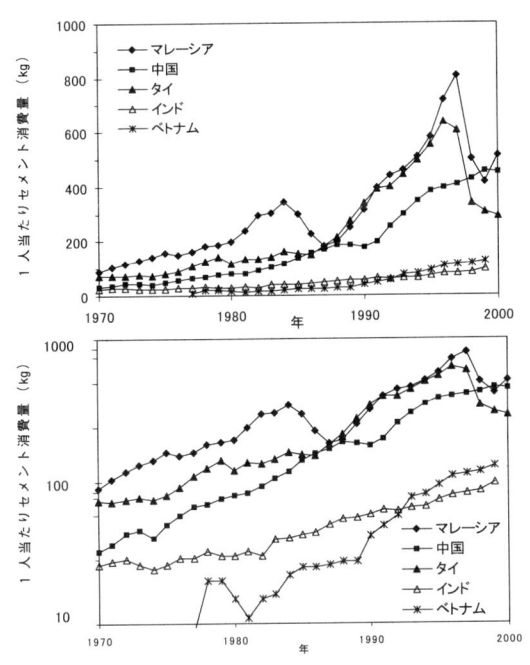

図-2.3　1人当たりセメント消費量の変遷（下：対数目盛）

- 73 -

写真-2.4 中国・深圳経済特区（超高層ビルの建設ラッシュ）

写真-2.5 ベトナム・ノイバイ国際空港（ハノイ市）新ターミナルビル（2002年供用開始予定）

○第2章　セメント需要の変遷

表-2.4　1人当たりのセメント消費量とGDP

	2000年現在	1947年から2000年までの累積	GDP（1999年）
マレーシア	531kg	約8トン	3,480ドル
中国	453kg	5.4トン	781ドル
タイ	291kg	6.9トン	2,012ドル
ベトナム	135kg	0.9トン（1977年から）	364ドル
インド	85kg	1.2トン	453ドル
日本	571kg	21.5トン	34,362ドル

　一方，かつては中国と同程度の1人当たり消費量であったインドは，1970年ごろから差をつけられてきた。1人当たりの消費量が100kgに満たない国はアジアでは珍しい方である。1993年にはベトナムにも追い抜かれた。総消費量では中国，アメリカに次いで世界第3位なのであるが。

　しかし，戦後一貫してセメント消費量が増えつづけている事実には注目したい。「インドは急がない」とは同国を形容した言葉であるが，「しかし，後退もしない」と付け加えたくなる。

経済力とセメント需要

　セメントの需要がその国の経済の状況に大きく左右されることは間違いない。そこで，1999年の世界155ヶ国および香港・マカオの1人当たり国内総生産（GDP）とセメント消費量との関係を図示してみた（図-2.4）。経済力とセメント消費量について，何らかの関係がありそうである。

　1人当たりのGDPが5,000ドル以下と低い国々は概してセメント需要が低く，せいぜい500kg以下である。一方，GDPが5,000ドルから

― 75 ―

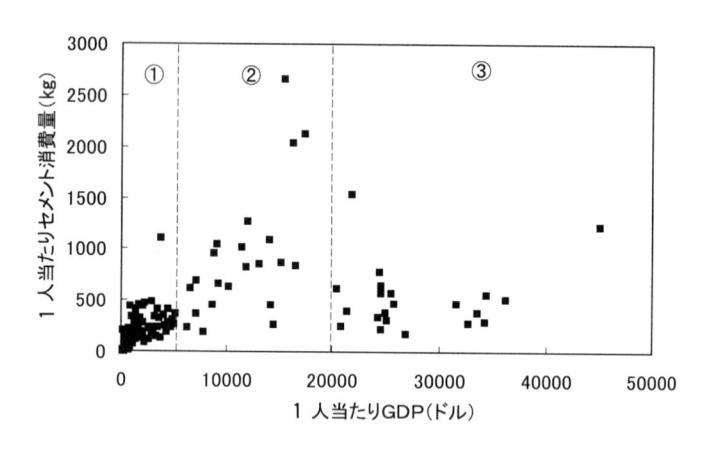

図-2.4　1人当たりGNPとセメント消費量との関係（1999年）

20,000ドル程度の中進国・あと一歩で先進国という状況では極めて多い。GDPがさらに多くなった完全な先進国では消費が落ち着く。

　これらを3つのグループに分類し，各グループ内での平均の1人当たりセメント消費量を求めてみた。その結果，第一グループ：223kg，第二：741kg，第三：430kgと，明らかな違いが生じていることが分かる（表-2.5）。

　第一グループは，経済力がそれほどなく，したがって建設投資・セメント消費も少ない国々である。第二グループは，ある程度経済が発展し，まさに高度成長期にある国々である。この段階におけるセメント消費量が最も多いことは，日本でも経験済みである。第三グループはすでに先進国入りした国々である。建設投資が一段落し，セメント消費もやや少なめである。

○第2章　セメント需要の変遷

表-2.5　1人当たりGDPとセメント消費量との関係
（GDPの小さい順，1999年）

第一グループ（GDP 5,000ドル以下）：1人当たりのセメント消費量の平均223kg/人　第二・第三グループ以外の国々

第二グループ（GDP 5,000ドル以上20,000ドル以下）：平均741kg/人　チェコ，ウルグアイ，セイシェル，サウジアラビア，オマーン，アルゼンチン，バルバドス，韓国，アンティグア・バーブーダ，マルタ，スロベニア，ポルトガル，ギリシャ，キプロス，台湾，クウェート，マカオ，ニュージーランド，スペイン，ブルネイ，カタール，イスラエル，アラブ首長国連邦

第三グループ（GDP 20,000ドル以上）：平均 430kg/人　イタリア，カナダ，オーストラリア，シンガポール，フランス，アイルランド，ベルギー，イギリス，香港，オランダ，フィンランド，オーストリア，ドイツ，スウェーデン，アイスランド，デンマーク，アメリカ，ノルウェー，日本，スイス，ルクセンブルク

※データ入手不可能のため登場していない国：アフガニスタン，アンドラ，イラク，北朝鮮，ジブチ，ソマリア，ツバル，トンガ，ナウル，バーレーン，バハマ，パラオ，マーシャル諸島，ミクロネシア連邦，ミャンマー，ユーゴスラビア，リビア，リベリア

　さらに，各グループ内での分布を詳細に観察すると興味深いことが分かる。

　第一グループ内の，GDPが500ドルまでの国々については，GDPとセメント消費量との間にきわめて高い相関関係を見出すことができた（図-2.5）。これらの国々では身を切る思いで建設に投資しているのであろう。GDPとセメント消費量との間の高い相関関係がそのことを物語っているように見える。例外的に多いのはキルギスタン，ギニアビサウとベトナムだけであった。

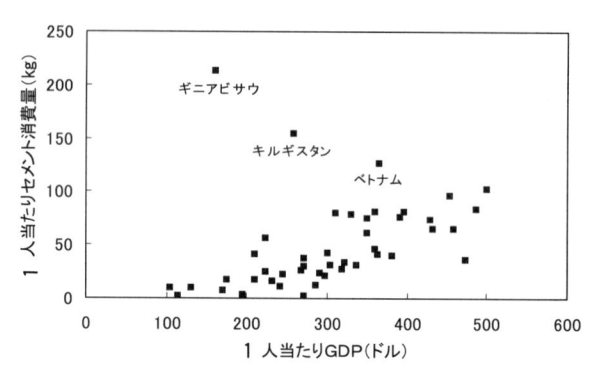

図-2.5　1人当たりＧＤＰ500ドル以下の国々のセメント消費量

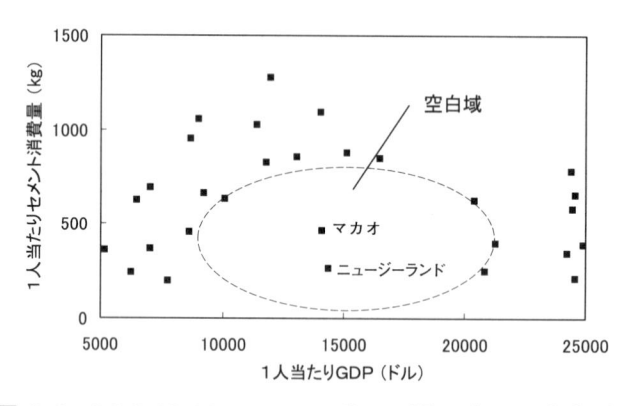

図-2.6　ＧＤＰ10,000～20,000ドルの間に生じた空白域

　第二グループ内の，特にＧＤＰが10,000～20,000ドルの範囲では，セメント消費量700kg以下の領域に大きな空白域の存在が認められる（図-2.6）。第二グループのセメント消費量の多さを示すものである。例外はニュージーランドとマカオだけであった。

　第三グループでは，ＧＤＰとセメント消費量との間にはっきりした関係は見られない。その中で，日本の消費量はやや多めであり，さらにシンガポールやルクセンブルクの突出ぶりが目立つ。

○第2章　セメント需要の変遷

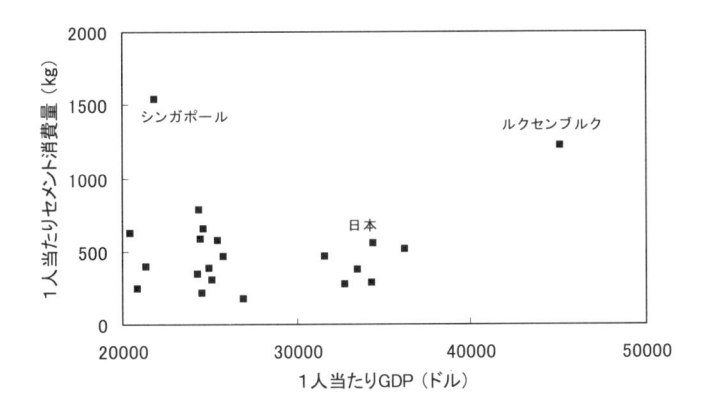

図-2.7　先進国における1人当たりGDPとセメント消費量との関係

写真-2.6　台湾の建築現場
　（依然として高水準のセメント需要。先進国入りを目指して邁進中）

セメント消費の累積①
― 潜在的なコンクリート需要

1人当たりのセメント消費量は国によって大きく異なる。これらの違いは決して景気の動向に左右されるだけではない。たとえば，以下の4つの要因が考えられると思う。

① 構造物の必要量が潜在的に多いか少ないか：地形や地盤といった自然条件や，人口密度などの社会的条件によるものである。例えば，同じ距離の鉄道なり道路を建設する際，日本のように地形が複雑かつ立体交差が多くならざるを得ない国では構造物が多くなる。一方，地形の緩やかな国や地盤の良い国では構造物が必要ない場合が多く，したがってセメント消費量に差が生じる。
② すでに整備された社会基盤施設や建築物の量：一度構造物が建設されると蓄積され長期間にわたって使用されるため，新たな建設需要が小さくなってくる。
③ 建設材料に占めるコンクリートの位置付け
④ コンクリート構造物の寿命

欧米およびアジアの主要国について，第二次大戦前後の9年間を除く1920年から99年までのセメント消費量の累計を求め，多い順に並べてみた（表-2.6）。値は現在の人口1人当たりに直してある。消費の累積量は国によって大きく異なっていることが分かる。スイスやイタリアを別にすれば，欧米諸国と比較して日本の消費量の累積はかなり

第2章　セメント需要の変遷

表-2.6　現在までのセメント消費の累積と現在の消費量が占める割合

	現在の人口1人当たりのセメント消費量の累積（トン/人）	現在の消費量が累積量に占める割合（％）
スイス	28.6	1.8
シンガポール	26.7	5.8
イタリア	26.3	2.4
日本	21.9	2.7
ドイツ	21.1	2.2
台湾	20.9	4.1
スペイン	20.4	4.0
フランス	18.8	1.8
韓国	17.9	6.0
オランダ	15.7	2.4
スウェーデン	15.3	1.2
アメリカ	14.5	2.8
イギリス	13.5	1.6
カナダ	12.0	2.1
マレーシア	7.3	7.3
中国	5.4	9.3

※アジア諸国・アメリカは2000年，他は1999年現在

多い。潜在的にコンクリート需要の多い国であることは明らかである。

次に，現在の消費量が消費の累積量に占める割合を求め，脇に表示した。この割合が小さいほど，構造物の蓄積に対して新たな建設需要の割合が小さいということになる。かなり荒っぽい仮定ではあるが，社会基盤施設や建築物に対する充足度に対応していると思う。

欧米諸国は概ね1.5～2.5％であるが，未だに経済発展の著しいスペインと，史上空前の好景気であるアメリカは高めである。日本は欧米諸国より若干高めであるが，経済発展の著しいアジア諸国と比較すればもはやかなり低い値である。最低はスウェーデンの1.2％。今回登

場した国々の中で最初にセメント消費量のピークを迎えた国でもある。

どの欧米先進諸国もピーク時には10％以上の値を示していた。現在の中国がまさにその状況である。すなわち，廃棄の量を無視すれば，コンクリート構造物の量が毎年1割ずつ増えていることになる。欧米諸国はそれから40～50年をかけて現在の割合にまで低下してきている。

では，この割合はどの程度まで低下し続けるのか。建設需要が減少期に入り始めたと思われる日本の最大の関心事であろう。構造物には寿命があり，また，補修の需要も生ずるのでゼロになることはないはずであるが。

日本の現在値は2.7％。もちろん減少傾向である。今回取り上げた国の中で2％を大きく割っているのがスウェーデン（1.2％）とイギリス（1.6％）の2ヶ国であり，この値は10年間近く変化していない。このあたりが収束値なのだろうか。日本に当てはめれば，現在の1人当たりセメント消費量600kg弱が，400kg程度にまで減少することは十分に考えられる。もちろん，潜在的にコンクリート需要の多い国である。欧米諸国の現在値と比較しても多いことだけは間違いないと思うが。

セメント消費の累積②
― 維持管理すべき構造物の量

年代ごとのセメント需要の変遷をたどることにより，建設年代ごとの構造物の量を推定してみる。将来発生するであろう維持管理需要を推定するためである。もとより消費された全てのセメントがコンクリート構造物となるわけではないが，目安にはなると思う。

その前に，どの程度のコンクリートが廃棄されているか確認してお

○第2章　セメント需要の変遷

いた。日本では，1993年度に1人当たり約200kgのコンクリート塊を廃棄している。コンクリートの単位セメント量を300kgと仮定すれば，1人当たり年間24kgのセメントが廃棄されていることになる。現在の消費量の20分の1以下である。以下，廃棄の量は無視して話を進める。

　欧米および日本を含むアジアの主要国について，第二次大戦後の1950年から10年間ごとのセメント消費量を，現在の人口で割って表示した。いわば，建設年代ごとの，現在の国民1人当たりがお守りをしなければならないコンクリート構造物の量を示していることになる（図-2.8）。1970年代からの日本の消費量の突出ぶりを示すために，1970年を軸とし，その前後の消費量の累計を区別して表示した。

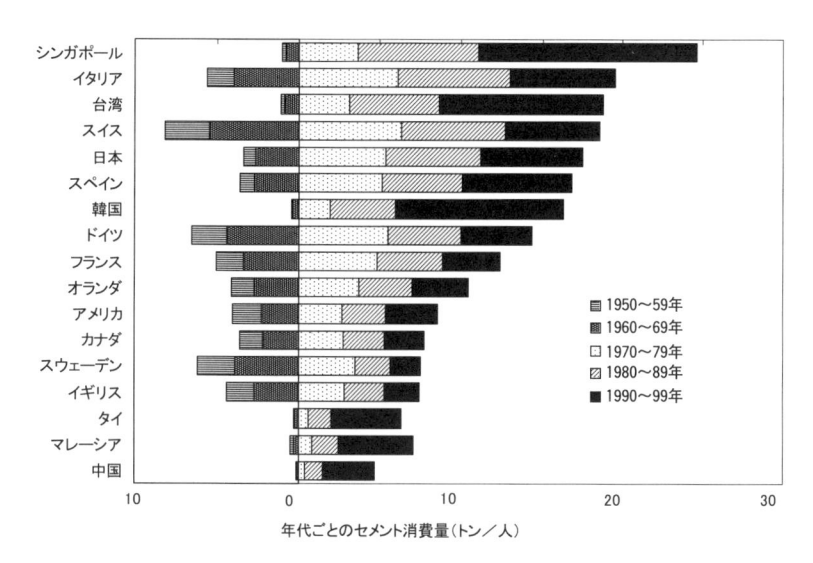

図-2.8　セメント消費量の年代ごとの累計（各10年間の累計を現在の人口で割った値，1970年からの消費量の多い順に表示）

日本の消費量が欧米諸国に肩を並べたのは1960年代半ばである。しかし，その直後にピークを迎え減少傾向が始まった欧米諸国に対して，日本は一貫して1990年代初頭まで増えつづけてきた。スイスやイタリアを別にして，欧米諸国のセメント消費量の変遷について，以下のことが言える。

① 日本よりもセメント消費量が多かった時期でさえも，1人当たりの年間消費量は，日本のこの30年間の年間消費量の半分程度である
② 日本ほど大量のセメントを30年間もの間コンスタントに消費しつづけた国は存在しない

写真-2.7　台北の地下鉄
（1997～2000年の3年間で64kmの路線が一挙に開業）

○第2章　セメント需要の変遷

　すなわち，建設から数十年後，下手をすればもっと早くにやって来るであろうコンクリート構造物の補修の需要が同時期に大量に発生し，しかもそれが長期間続くことについて欧米で前例となる国は，スイスやイタリア以外には存在しないことになる。その両国も日本よりもせいぜい10年間早いだけである。

　以上から，日本がコンクリート構造物の維持管理について進むべき方向は，大量発生する需要に対応する検査・補修技術の開発と体制の整備に尽きるであろう。国民1人当たりが支えなければならない構造物の量が多いのであるから，なるべく人手をかけないで維持管理する必要がある。

　一方，シンガポール，台湾，韓国とも，最近の10年間では1人当たりで日本の2倍ものセメントを消費してきた。これらの国は数十年後に，1人当たりで日本人が経験した2倍もの構造物について新たに補修する必要が生じることになる。想像を絶する量である。

【セメント消費量データ】
協力：㈳セメント協会
【参考文献】
数字で見る日本の100年，国勢社，2001年
世界国勢図会2001/2002，矢野恒太記念会，2001年
板倉聖宣：日本史再発見－理系の視点から，朝日選書477，朝日新聞社，1993年

第3章

アジア紀行
― 中国・シンガポール

自己充填コンクリートへの関心が高いのがヨーロッパということもあり，ご近所であるアジアにそれほど多く出かけてきたわけではなかった。しかし，近年，ようやくアジア諸国への出張が多くなってきた。もとよりいずれの出張も数日間滞在の瞥見であり，訪問した全ての国の建設・コンクリート事情について網羅的に報告できる自信はない。

　そのような中で，中国・三峡ダム建設プロジェクト，そしてシンガポールの状況については信頼できる情報源もあり，かつ日本の将来を考える際に示唆的であると思い，本章で紹介することにした。

北　京

　現在，質・量ともに最も経済発展の著しい国は中国であると見て間違いない。1人当たりのGDPは781ドルとまだまだ低いが，経済成長率は年10％近くに達している。ちなみに昨今の日本の成長率は限りなくゼロに近い。

　建設需要に目を転じれば，2000年の1人当たりセメント消費量は453kgであった。日本の571kg，台湾の861kgには及ばないが，すでにドイツに並んでいる。しかも増加率が高い（図-3.1）。縦軸は対数目盛りであるので，グラフの傾きが増加率を示している。この30年間の平均増加率は年10％に近い。日本を30年遅れで，台湾を20年遅れで追いかけているといったところか。数年以内に，減少傾向の日本を，そして台湾をも追い抜くのは確実な勢いである。

　国全体の消費量では，すでに第2位のアメリカを大きく引き離して

○第3章　アジア紀行—中国・シンガポール

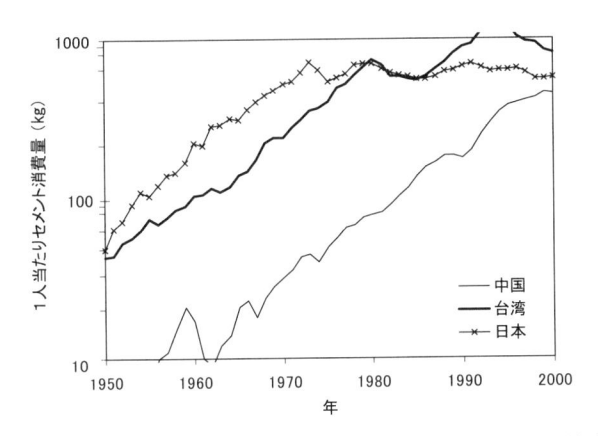

図-3.1　日・中・台のセメント消費量の変遷（縦軸は対数表示）

世界一である。現在，世界中のセメントの3分の1強が中国で消費されていると聞けば，中国の動向から目が離せなくなる。2008年のオリンピック開催もこの傾向に拍車をかけるに違いない。

そのオリンピックが開催される北京は，工事現場から成り立っているのではとさえ思えるほど，道路の新設・拡幅，ビルの建設ラッシュである。さらに，オリンピック開催の決定に伴い，今後5年間で総額1,800億人民元（1人民元＝15円，したがって日本円換算で2兆7,000億円）の資金をインフラ整備に投入することが決定した。うち，交通網の整備に半分の900億元が費やされる。その他，環境，ITネットワーク，生活関連施設の整備に残りの半分が投入される予定である。

整備される交通施設は，地下鉄，高速道路，空港などである。現在2路線，路線延長70kmの北京市の地下鉄には，2010年までに3路線，120kmの新線（一部高架式）が追加される予定である。このうち，オリンピック開催までに80kmの路線が開業予定である。特筆すべきは，

北京市中心部（東直門）―北京首都国際空港間30kmにリニアモーターカーが採用されることである。時速500km走行は不可能であるが，東京オリンピック時の新幹線のように世界中に強い印象を与えるに違いない。

　北京首都国際空港は，東アジアの首都では数少ない，国内線と国際線の両方が乗り入れる機能的な空港である。1999年12月にオープンした第二ターミナルは年間乗降客2,700万人の処理能力を有しているが，予想よりも3年早く2002年に飽和状態となることが確実となった。そこで，第一ターミナルを閉鎖して2005年までに年間800万人に対応するための工事を行うことが決定した。加えて，第三ターミナルの建設が計画されている。これらが完成すると総面積33.5万m²のH型ターミナルが出現することになる。

写真-3.1　北京首都国際空港（第二ターミナルビル）

○第3章 アジア紀行―中国・シンガポール

　このほか，オリンピック競技施設の整備に2,500億円を投じる予定である。4分の3が16の新しい競技施設の，残りの4分の1が選手村の建設に充てられる。さらに，400億円近くを投じて既存の21の競技施設を改造する予定である。オリンピック開催を当て込んだ民間の投資を含めると，いったいどれほどの建設需要が発生することになるのだろうか。

三峡ダム①
―プロジェクトの概要

　中国第一の経済都市・上海と比較すれば超高層ビルの数はそれほど多くない北京であるが，2008年のオリンピック開催までに約30棟の建設が計画されているとのことである。ただし，超高層ビルが少ない現在でも北京のメインストリートは通行する者を圧倒する（**写真-3.2**）。

写真-3.2　北京にて
（メインストリートにはこのような中央省庁の建物が並ぶ）

建築物の持つ迫力は，その高さのみならず幅によると認識するに至った次第である。今後の建設ラッシュでさらに迫力が増すのであろうか。

　前置きが長くなったが，中国で「幅が大きい」と言えば，何といっても三峡ダムを取り上げなければならない。堤高175m，堤頂長2,300m，そして堤体積が1,600万m³にも及ぶ，総工費3兆円の大プロジェクトである。長江の河川勾配が極めて小さいため貯水池容量は400億m³，貯水池面積が1,084km²という巨大さで，120万人近くの住民が移転しなければならないことは度々報じられている。

　三峡ダムに設置される発電所の最大出力は1,820万kW。ブラジルとパラグアイにまたがるイタイプ発電所を抜いて，堂々の世界一となる。もちろん，三峡発電所が常時最大出力で運転できるわけではないが，予想される年間発電量は現在の中国の7％分に相当する。ちなみに水

写真-3.3　三峡ダム鳥瞰図（三峡ダム展示館の写真から）

○第3章 アジア紀行—中国・シンガポール

力以外では世界最大の東京電力柏崎・刈羽原子力発電所（出力821万kW）の発電量は日本全体の発電量に占める割合が約6％であるから，中国の電力供給における三峡ダムの重要性がお分かりいただけると思う。

　また，長江（揚子江）は水運のための重要な水路でもある。ダムの左岸側【註：上流側から河川の下流側を見て左手側を左岸，右手側を右岸と呼ぶ】には巨大な閘門（永久船閘）が設けられる。全長1,607m，高低差113mに及ぶ規模であり，1万トン級の船が往来可能となる（写真-3.4）。

　三峡ダムの建設により年間を通じて長江に十分な水深が確保できるようになり，三峡ダム建設地点の宜昌（イーチャン）から600km上流の重慶まで，船舶の現在の年間航行可能量片道1,000万トンが5,000万

写真-3.4　永久船閘（ダム左岸側に位置）

- 93 -

写真-3.5　三峡ダム建設現場遠望（左岸側から：対岸まで2.3km）

トンに増強される。これは鉄道路線4本分に相当するそうである。

　参考までに，中国にどの程度経済成長の余地があるのか，日本と対比しながらまとめてみた（表-3.1）。ほとんどの指標が日本よりも1桁少ない。成長の可能性はきわめて大きいと思う。しかも巨大な人口と国土を有する国である。日本の10倍の人口，世界人口の21％を占めている。ほんのわずかな成長率でも，国全体ではとてつもない量となる。例えば，中国のみで「1人当たり10の増加」であっても，世界全体で「1人当たり2の増加」となってしまう。中国の動向は世界に大きな影響を及ぼすことになる。

　三峡ダムはまさに中国の経済発展を支える国家的事業である。

○第3章 アジア紀行—中国・シンガポール

表-3.1 中国と日本（1999年現在）

	中 国	日 本
人口	126,684万人	12,600万人
面積	9,597,000km²	387,000km²
国内総生産（GDP）	1兆ドル （世界第7位）	4.3兆ドル （第2位）
1人当たりGDP	781ドル/人	34,362ドル/人
実質経済成長率	7.1%	1.4%
乗用車台数	0.0046台/人（含バス）	0.38台/人（除バス）
原油消費量	143kg/人	1,790kg/人
年間発電量	950kWh/人	8,461kWh/人
原子力発電設備	2W/人	357W/人
（建設・計画中含む）	9W/人	402W/人
セメント消費量（2000年）	5.8億トン	0.7億トン
同　1人当たり	453kg/人	571kg/人
1947〜2000年の累計	5.4トン/人	21.5トン/人

三峡ダム②
― 施工計画

　三峡ダムを1枚の写真に収めるのはきわめて難しい。地上からの撮影ではまず不可能である。何しろ堤頂長が2,300mである。堤高175m,堤体積1,600万m³の重力式コンクリートダムが柱状ブロック工法で施工されている（**写真-3.6, 3.7**）。他の構造物用と合わせて,バッチャープラントが5箇所に設置されている。打ち上がったコンクリートの品質は極めて良好と見受けられた。

　ダム左岸側に設けられる閘門（永久船閘）は,高低差20mの閘門が5段階,高低差の合計が100mの規模。各閘門は長さ280m,幅34m,

写真-3.6 ダム左岸側（発電所部分）

写真-3.7 洪水吐（堤体中央部。2004年から写真手前側に右岸側堤体を建設）

○第3章 アジア紀行─中国・シンガポール

最低の水深が5mであり，10,000トン級の船が往来可能となる（**写真-3.8**）。三峡ダムの実質的な幅は，ダム堤体＋永久船閘往復分2系統＋中間の岩山と合わせて，3,000m以上と言っても差し支えないと思う。

写真-3.8 永久船閘の施工（下流側から）

発電所も巨大である。落差こそ最大113mだが，豊富な水量のおかげで出力70万kWの発電機が26基並列し，最大出力は1,820万kW。堂々の世界一となることは先にご紹介したとおりである。さらに将来計画として最大出力420万kWの地下発電所も設けられる予定である。

さて，その巨大な三峡ダムの施工であるが，長江の流量が極めて大きいために，転流用の仮排水路トンネルを建設することができない。ダムを一度に建設することが不可能である。絶えず長江の水を地上のどこかに流しながらの工事となるのが日本と大きく異なる点である。最初に大容量の水路を右岸側に建設し，長江の水をすべてそちら側に

流しながら左岸側のダム・発電所・洪水吐を建設。これらの完成後に右岸部の流れを締切り，右岸側の堤体の建設に取り掛かるという手順を踏まなければならない。

　すなわち，**第一期**（1993－1997年）―右岸側の仮締切り・水路掘削→左岸側の仮締切り工事，**第二期**（1998－2003年）―右岸側水路に通水→左岸側のダム施工→完成（発電所の半分，洪水吐と永久船閘の運用開始）→右岸側の仮締切り工事，**第三期**（2004－2009年）―右岸側のダム施工→完成（発電所の残り半分）＝全体の竣工，という段階を踏むことになる（写真-3.9, 3-10, 3-11）。2001年現在，二期工事の真最中である。

　目下の関心事は右岸側の仮締切り工事である。長江の流量の少ない時期を見計らい，2003年中に，6ヶ月間という極めて短期でRCC工法により110万m³ものコンクリート打設を完了させなければならない。仮

写真-3.9　第一期工事（1993－97年）（三峡ダム展示館にて）

○第3章　アジア紀行―中国・シンガポール

締切り工事の工期内の施工は，2004年に予定されている発電所の一期運開（左岸側）および永久船閘の供用開始の成否の鍵を握っている。

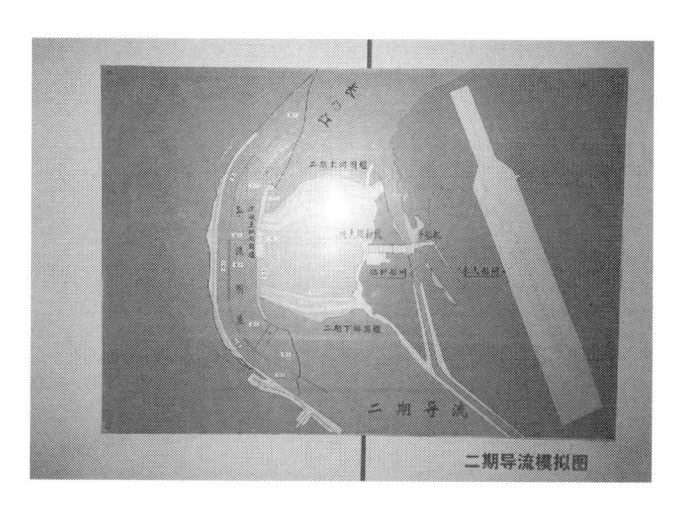

写真-3.10　第二期工事（1998－2003年）

写真-3.11　第三期工事（2004－09年）

三峡ダム③
― 中国と日本の技術

　世界最大規模の三峡ダム建設工事の内容を大まかに区分すれば，土木，金物（鉄管），機械・電気（発電機）の3つとなる。これらのうち土木工事と金物は中国企業単体で受注し，発電機は欧米勢（スイス，ドイツ，カナダ）が受注している。土木とそれ以外の違いは現在の中国の技術の水準を示しているのであろう。

　かなりの規模であるにも関わらず，土木工事はわずか5工区。5つの中国企業JVが工事を請け負っている。「中国の建設技術はどの程度か？」と関心を持つ向きも多いと思うが，ダム本体については中国の技術力だけで建設していると言って良い。

　実は三峡ダムの建設着手に遡ること5年前の1988年，長江の下流38kmの地点に葛州壩ダム（重力式コンクリートダム）を18年間の工期をかけて自力で完成させている。堤頂長 2,606m，堤高53.8m，堤体積1,113万m³，発電所の出力は271.5万kWという規模である。こちらも三峡ダム同様，1枚の写真に収めることは不可能であった（**写真-3.12**）。予行演習というにはあまりにも大きな規模であるが，このダムを中国独自の技術力で完成させた実績が自信となり，三峡ダムの建設にゴーサインが出たとのことである。

　以上のような経緯から三峡ダムの工事現場で日本人技術者を見かけることは皆無であるが，決してゼロではない。唯一，発注者側のコンサルタントとして，大手建設会社の技術者が5名駐在している。職務の内容は品質と安全の管理である。

○第3章　アジア紀行―中国・シンガポール

写真-3.12　葛州壩ダム

　「発展途上国の建設現場」と聞いただけで「非常に危険な場所」というイメージがあるが，少なくとも三峡ダムに限っては安全に関する配慮が行き届いていた。素人でも安心して現場を歩くことができた。作業員の数が思ったよりも少なく，機械化がかなり進んでいるとの印象も受けた。

　三峡ダムの建設に使用されている日本のオリジナル技術を2つ紹介する。

　1つ目はMY－Box。永久船閘のコンクリート打設の際，分離防止を目的として使用された。その量は12万m³にも及んでいる。使用結果が良好なことを受けて，発電機周囲の充填コンクリートにも使用される（**写真-3.13**）。その量は20万m³とのことである。

　2つ目は自己充填コンクリート。鉄筋が過密な発電機下部にすでに2万m³が使用されている。

写真-3.13　三峡ダム建設で使用されているMY－Box（○で囲んだ部分）

　国家的プロジェクトであるから国中から選りすぐりの技術力を集めることが可能であったとはいえ，中国の技術力に圧倒されたというのが正直な感想である。日本もいよいよ中国に追い上げられる立場になってきたと言える。技術は世界最高，一方で賃金も最高ランクの日本の建設技術者の今後のあり方について，大いに考えさせられた。

三峡ダム④
―ダム建設に見るお国柄の違い

　三峡ダム建設現場では規模の大きさに圧倒されたことはもちろんであるが，ダム建設の条件や取り組み方について日中間のお国柄の違いを感じることが多かった。いくつか例を挙げてご紹介する。

○第3章　アジア紀行―中国・シンガポール

①　ダムサイト

　日本のダムサイトと決定的に異なるのは，ダム付近にも平地が開けていて開発の余地が大きいということである。三峡ダム建設現場より長江を下ること38km，湖北省・宜昌（イーチャン）市は先にご紹介した葛州壩ダムの建設により大きくなった街である。人口3万人にも満たなかった町がダム工事により膨れ上がり，いまや人口50万人（**写真-3.14**）。周辺地域を含めると100万人を超えるそうである。もちろん，葛州壩ダムよりも規模の大きい三峡ダムの建設工事が影響しているに違いないが。

　ダムサイトが平野部に位置しているため，ダム建設がその地域の永続的な発展につながる可能性が高い。ダム建設と都市開発をセットで行うことができる。うらやましい限りである。

写真-3.14　葛州壩ダム直上から眺めた宜昌市

② スローガン

　北京の天安門を例に引くまでもなく，中国ではいたる所でスローガンが目につく。三峡ダムの建設工事とて例外ではなく，多くのスローガンを目にした。

　建設現場，特に規模の大きいダム工事現場では，スローガンは大まかに①国威発揚，②品質，③安全・環境，の3つに分類できると思う。日本で圧倒的に多いのは③である。例えば，「環境に調和したダム作り」「きょうも無事に帰ってねお父さん」といった類いのものである。もちろん，昭和43年（1968年）生まれの著者は①を見た記憶はない。

　三峡ダムでは①国威発揚が圧倒的に多いと見受けられた。代表的なものは，「為我中華　志建三峡（我が中華人民共和国のため，三峡ダムを建設しよう）」である。②品質も多く目にしたが，「千年大計質量第一　質量責任重于泰山（千年の大計の実現のためには品質第一，品質に対する責任は泰山よりも重い）」が印象に残った。「泰山」とは中国・山東省にある山の名前であるが，重要なことの喩えに使用される。

　実は現場で目にしたスローガンのほとんどが①か②であり，③安全・環境に関するものはほとんど見当たらなかった。ようやく見つけたのは，「安全生産人人有責（安全な施工は全員の責任）」である（**写真**-3.15）。安全に対する個人の責任の比重が日本よりも高いように感じられた。決して日・中どちらが優れているかという問題ではないのだが，安全について個人の責任と組織による管理のバランスのあり方を考えさせられた。

○第3章　アジア紀行—中国・シンガポール

写真-3.15　三峡ダム建設現場に掲げられているスローガン「安全生産人人有責」

写真-3.16　左岸側仮締切り竣工・本体工事着工の記念切手
　（1997年。日本では工事着工の記念切手発行例はない）

③ 専用道路・空港の建設

　宜昌市からダム建設現場まで，4車線の工事専用道路が整備されていた。その長さは28.5kmで，時速80kmで走行可能な高規格道路である。一般車両は通行不可であるが，ダム完成後は一般の高速道路に転用される予定である。

　さらに，宜昌市には1997年に空港も開業した。その名も「宜昌三峡空港」。もちろんジェット機の発着も可能で，北京まで約2時間である（**写真-3.17**）。

写真-3.17　宜昌三峡空港（日本からのチャーター便も発着）

　三峡ダム建設にかける中国政府の意気込みが伝わってくるインフラ整備である。

○第3章　アジア紀行—中国・シンガポール

シンガポール①
—コンクリートだらけの国？

　シンガポールの国土面積は683km²。東京23区の617km²とほぼ同じである。東西間の距離は42km，南北間はわずか23km。面積の点ではもっと小さい国は世界中にいくつか存在するが，独自の国防や外交を行い通貨を発行している点で，完全な独立国としては最小である。

　もっとも，シンガポールの人口400万人はアイルランドよりは多くノルウェーより若干少ない程度であるから，決して最小国であるとは言えない。人口密度6,301人/km²はモナコよりは小さいが，実質的には世界一である。

　産油国を別にすれば，1人当たりのセメント消費量が現在最も多いのもシンガポールである。1999年現在で1,541kg（図-3.2）。日本のピーク時の715kg（1973年）と比較しても2倍強という多さである。

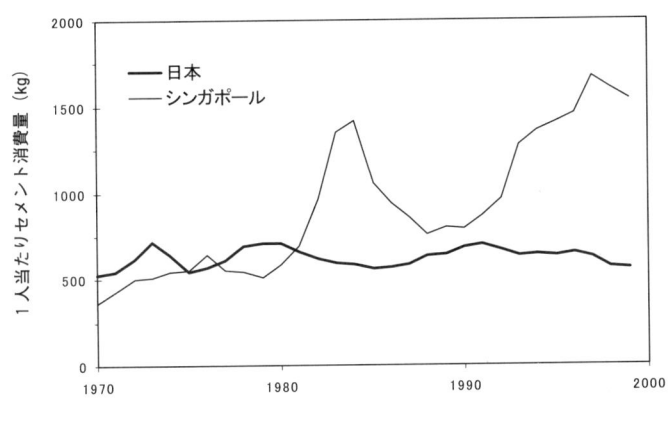

図-3.2　1人当たりセメント消費量の変遷

— 107 —

現在の消費量が多いだけではない。マレーシアから独立した直後の1967年以降の消費量の累計を現在の人口で割ると26.6トンに達する。それ以前の分を含めれば，20世紀中の消費量の累積でスイス（1人当たり28.6トン）とほぼ等しいものと思われる。世界一の人口密度とあいまって，「コンクリート構造物だらけ」の国となるはずである。

　前置きが長くなったが，以上のような試算をしてシンガポールはチャンギ国際空港に降り立った。シンガポールを支える重要施設であることを感じることのできる大変機能的な空港である。4,000mの滑走路が2本。国際線発着便数，乗降客数とも成田より多く，アジアで最も忙しい空港の1つである。

　さて，統計的にはコンクリートだらけのシンガポールであるが，空港を出て街に入ると意外と緑が多いのに驚く。建築物を中・高層とし，土地に余裕を生み出して緑地を確保しているのを見て合点がいった。というわけで，一戸建て住宅を見つけることは至難の業である。政府（住宅公団）が供給しているアパートで生活している国民が86％にのぼり，うち9割が自家保有である。現在は年間約3万戸を新たに建設・供給している。メインは4から5部屋＋ダイニングルーム兼リビングの間取りで，近年は20階建て以上のものを建設している。過去40年間の供給戸数は合計90万に達する。コンクリートの消費量が多いのも頷ける。かつて日本に留学していた知人は「コウダンジュウタク」の国と形容していた。

　シンガポールの土地利用は，住宅・工場等49％，緑地・公園等41％，森林4％，沼地・海岸2％，農地1％といった状況である。したがって，仮に全ての建築物の高さを半分にすれば（それでも日本と比較す

○第3章　アジア紀行―中国・シンガポール

写真-3.18　国中が「公団住宅」

ればまだ高層の部類に入る），緑地はゼロとなる。シンガポールでは低層住宅に住むのは贅沢というよりも物理的に不可能ということになる。個人が住宅を建設することは必ずしも不可能ではないが，かなり厳格な審査があるそうである。都心部を別にすれば国中どこに行っても大都市近郊の画一的な「ニュータウン」だらけでつまらなさを感じるのは事実であるが，やむを得ないことであると理解する。

　日本と比較すれば決して歴史・文化的に見所が多いとは言えないシンガポールであるが，高い人口密度に対応し，そして人や物の結節点として機能するための国土・交通政策については興味深い点が多い。

シンガポール②
―自動車を減らす政策

　世界一の高密度国家・シンガポールで最も興味深いのが自動車交通の規制である。自動車への高課税（購入時に本体価格の3～4倍が必要）や都心部乗り入れの際の課金により，台数および交通量を減らすことに成功している。地上設備と車載装置から成るERP（電子課金システム）を1998年に導入し，都心部の乗り入れの際，時間に応じて1回当たり最高140円の料金を自動的に徴収している。

写真-3.19　都心部入り口に設置されたERP（電子課金システム）の設備
（自動車が通過すると車載装置のプリペイドカードから自動的に料金を徴収）

　結果として，国民1人当たり乗用車保有台数はわずかに0.10台。日本全国平均の0.38台，東京都の0.25台より少ないのは当然としても，1人当たりのGDPが数分の1の台湾（0.20台）や韓国（0.16台）より

○第3章　アジア紀行—中国・シンガポール

少ない。政策の効果が如実に現れている。

　もちろん，自動車を減らすための政策は鉄道網の整備とセットである。現在，MRT（Mass Rapid Transit）と呼ばれる地下鉄が2系統，83kmの路線を有している。開業は1987年11月であった。さらに新路線20km，および空港への路線6kmが建設中で，2002年に開業予定である。この時点で合計110kmの路線網となる。少なくともあと20年は必要だそうであるが，最終的には都心を基点として放射状路線5本および環状線3本の路線網が完成し，総路線長は200kmに達する予定である。

写真-3.20　MRT

　加えて，LRT（Light Rapid Transit）と呼ばれるゴムタイヤの新交通システム8kmが1999年11月に開業。平均の駅間距離が500m足らずで，MRT網を補完する中量輸送機関。バスよりも定員が小さ

い1両編成の無人運転の電車がピーク時3分間隔，閑散時でも5分間隔で運行されている。ループ状の路線で，主にニュータウンの住民をMRT駅に輸送している。さらに2002年と2004年に，それぞれ新路線が開業予定である。こちらもMRT同様，最終的には300kmもの路線長となる予定である。

写真-3.21　LRT

　以上，MRTとLRTを合わせて将来的には合計500kmに及ぶ軌道系交通機関が整備されることになる。シンガポールの国土全体の平均では1km²に1kmの路線延長。国土全体が鉄道駅からの徒歩圏内となる計算である。乗用車の全廃を視野に入れているのではと思えるほどである。

　先にご紹介した公団住宅と合わせて，シンガポールを旅すると，庭付き一戸建てに住み，マイカーを利用するということがとてつもなく

贅沢に思われてくる。時には強権的と批判されることがあるが，国土が小さく密度が極めて高いという制約条件故にやむを得ないのであろう。結果としては良い結果を生んでいると思う。個人の選択の余地が極めて大きい日本の政策が野放図にさえ思えてくるほどである。

シンガポールは，国土・都市計画や交通政策を省みる格好の題材を提供してくれる国である。

シンガポール③
―インフラで成り立つ国

シンガポールは赤道直下，北緯1度に位置している。月平均気温の最低値は12月と1月の25.7℃という常夏の国。夜間でも気温が23，24℃程度と，ほとんど毎晩が熱帯夜だそうである。

しかし，暑くて寝苦しい国でも世界中から人が集まってくることができるのは冷房のおかげである。シンガポールの電力事情が気になったので調べてみると——発電所は火力のみ。燃料として石油，軽油，天然ガスを使用している。全部で5つある発電所の合計出力は673万kW。2000年の総発電量は1人当たり8,800kWh。何と日本とほぼ同じである。

冷房は電力の消費を増やす極めて大きな要因である。1人当たりGDPが日本の3分の1の台湾ですら，1人当たりの電力消費量は日本の8割に達している。熱帯地域を多く抱えている東南アジアの電力事情は，今後の経済発展に伴い厳しさを増すのだろうか。

エネルギーをはじめとして，シンガポールは本来生産力の乏しい国である。東インド会社のイギリス人・ラッフルズが上陸するまでは

人口わずか数百人だったそうである。現在の繁栄は，ヒトとモノとカネが世界中から集まり，世界中に散らばっていくことにより築かれている。

ただし，東アジアと西アジアの結節点という「場所の良さ」だけで自動的に世界中から集まってくるわけではない。結節点にふさわしいインフラ整備があってはじめて機能するものである。4000mの滑走路2本を有する機能的な空港（2001年現在，成田は1本のみ），世界第2位のコンテナ取扱高を誇る港湾など，社会基盤施設がシンガポールの生命線として量的に，そして質的にも充実している（**写真-3.22**）。

写真-3.22 チャンギ国際空港の出発時刻表
（早朝から深夜まで航空機がひっきりなしに発着）

○第3章　アジア紀行—中国・シンガポール

写真-3.23　シンガポール駅（唯一の長距離列車発着駅）

写真-3.24　同駅にて「マレーシアへようこそ」
　　（次の駅はジョホールバル：シンガポール駅で乗車すれば
　　否応なしにマレーシア）

最後に，シンガポールの建設・コンクリート事情について触れておきたい。コンクリート用材料—セメント，骨材等，材料をすべて輸入に依存している。石灰石微粉末もフライアッシュもセメントと同価格である。輸送費の占める割合が高いのであろう。水すら半分は隣国マレーシアから供給されている。

　建設需要が旺盛かつ人手不足のシンガポールでは，2年間という期限付きで外国人労働者を受け入れている。現在，その多くがバングラデシュやタイの出身である。確かにシンガポール経済の主流を占めている中国系とおぼしき作業員はいないようであった。

　ただし，わずか2年間の労働では技術が身につかず，施工上の問題が生じているとのことである。期限付き外国人労働者は諸問題を解決する有効な方法かと思っていたが，そうでもないらしい。労働政策上は有効に機能しているが，構造物の品質確保の点では問題があるようである。

　公共交通の充実など，日本の地方在住の人間には極めて魅力的な，過密，ゆえに高効率国家・シンガポールではあるが，過密都市を下支えする後背地が外国というのは大きな制約だと思う。その点，東京の後背地は同じ国内であり，政策的にヒトやモノの移動を制限する必要性はない。東京はそうやって大きくなってきた。

　シンガポールと比較すれば，日本や東京は本来かなり恵まれた場所だと思う。

○第3章　アジア紀行——中国・シンガポール

【参考文献】
世界国勢図会2001/2001，矢野恒太記念会，2001年
中国長江三峡工程開発総公司編：Three Gorges Project（英語版）
シンガポール情報芸術省：Singapore-Facts and Pictures 2001

第 4 章

台 湾 紀 行

シンガポールや香港といったミニ国家・地域を別にすれば，アジアの国々の中で経済的に最も日本に近いのが台湾である。いまや1人当たりのGDPは13,000ドルあまり（1999年）。スペインよりわずかに少なく，ポルトガルよりは多いという状況である。韓国は8,600ドルであるから少し差がある。

　台湾は地理的に日本に近いだけでなく，国土の条件も良く似ている。さらに日本が統治した関係からその足跡が多く残り，多くの年配の人は日本語を話す。

　現在，高度成長期にある台湾が目標としているのは日本である。日本を多くの点で注視している。ちなみに著者はこの4年間で台湾を6回訪問する機会があった。そんな台湾を観察することは，日本に対する掛け値なしの評価を垣間見ることになると思う。

　なお，本章のタイトルは司馬遼太郎『街道を行く』シリーズの1つと同じになってしまったが，もちろん本書のものは「台湾のインフラ・建設紀行」である。

四半世紀前の日本

　台湾を旅すると，かつての日本を髣髴させるものに出会うことが多い。日本統治時代の建築物や社会基盤施設の存在はもちろんのこと，それ以上のものを感じる。台湾の日本に対する感情は悪くないと思う。一例をご紹介する。1998年，国立台湾大学は創立70周年を祝った（**写真-4.1**）。日本統治時代の「台北帝國大学」を年数に含めていた。対日感情が悪ければ，創立53周年祭にしかならなかったはずである。

○第４章　台湾紀行

写真-4.1
台湾大学創立70周年祭の「のぼり」
（1998年＝日本の敗戦から53年後）

　対日感情が良いだけではない。日本は絶えず注目され，あらゆる分野での関心が高い。近年は若者の間で日本ブームも起こっている。2000年の１年間に台湾から日本を訪問した人の数は84万人。これは台湾の人口2,200万人の約４％に相当し，台湾からの渡航国別で第１位である。
　台湾がこれまでとってきた，そして今後とる各種の方策には，日本に対する掛け値なしの評価が垣間見えることがあると思う。正式な外交関係を有する国が皆無に近く，ほとんどの国際機関に加盟できない小国が世界中から一目置かれる存在となるためには，真の経済力をつけるしかないのであるから。

写真-4.2 台大医院（台湾大学附属病院。日本統治時代に建設）

　さて，台湾の国土の条件や，それに伴う社会基盤施設の状況は日本と極めて類似している。日本同様の山がちな国土であるため，鉄道や道路には構造物が多くならざるを得ない。高い人口密度のため，鉄道・道路とも混雑が激しいのも日本と同様である。欧米人には日本も台湾も同じに見えてしまうに違いない。

　首都・台北から第二の都市・高雄まで南北に400km細長く伸びた西海岸地域は，平地の東西方向の幅が最大でも50km。この狭い地域に鉄道と高速道路が貫通し，さらに第二高速道路が建設のピークを迎えている。日本のシステムを導入した新幹線も2005年に開業予定である。この地域には人口の95％が集中し，距離的・地理的に，東京―名古屋間に相当すると見なして良いと思う。

　民間の交流は活発であるとはいえ，1972年以来断交している経緯か

ら，台湾の情報は必ずしも十分に日本に伝わっているとは言い難い。そこで，台湾の建設・コンクリート事情をご紹介することにしたい。前置きとして台湾の国勢や社会基盤整備史をまとめてみた（**表-4.1**）。地下鉄を別にすると，日本のおおよそ20～30年前の姿が台湾ということになりそうである。

表-4.1 台湾と日本 （1999年現在）

	台湾	日本	台湾/日本の比較
人口	2,200万人	12,600万人	6分の1
面積	36,000km²	387,000km²	10分の1
人口密度	614人/km²	327人/km²	2倍
国土に占める山地の割合	70%	60%	ほぼ同じ
1人当たりGDP	13,026ドル	34,362ドル	30年前の水準
外交関係を有する国	29ヶ国	188ヶ国	
高速道路開通	1978年	1964年	日本の14年後
1人当たり乗用車台数	0.20台	0.38台	20年前の水準
鉄道電化	1979年	1956年（東海道線）	23年後
地下鉄開業	1997年	1927年	70年後
新幹線開業	2005年（予定）	1964年	41年後
原子力発電所運開	1977年	1962年	15年後
セメント消費のピーク	1993年	1973年	20年後

インフラ事情

　台湾の社会基盤の整備の状況を日本と比較しながらまとめてみた。日本と台湾とでは人口・国土面積とも大きく異なるため，「単位面積当たり」または「1人当たり」で表示している（**表-4.2**）。

表-4.2　台湾と日本：社会基盤施設の充足度（特記以外1999年）

	台　湾	日　本
鉄道延長距離	31 m/km²	52 m/km²
新幹線延長距離		
（2005年時点）	10 m/km²	6 m/km²
（日本の整備5線完成時点）	10 m/km²	9 m/km²
高速道路延長距離（2001年）	17 m/km²	17 m/km²
一次エネルギー構成割合		
石炭	29.9%	16.4%
石油	51.5%	52.3%
天然ガス	6.7%	12.3%
水力	2.3%	3.9%
原子力	9.7%	13.7%
年間電力消費量	5,988 kW時/人	7,598 kW時/人
原子力発電能力　（現在）	233 W/人	357 W/人
（建設中含む）	355 W/人	402 W/人
LNGタンク容量（2001年）	31 ℓ/人	101 ℓ/人

① 鉄道

　台湾の鉄道は日本統治時代に整備されたものがそのまま踏襲されて現在に至っている。国鉄・JRに相当する鉄道網の延長距離は1km²当たり31m。日本の約6割という状況であり，お世辞にも充実しているとは言い難い。台湾の平野部はせいぜい数十kmしか面的広がりがなく，鉄道網を充実させる必要性が薄かったとも解釈できるが，台北や高雄といった大都市圏でさえ整備が遅れてきたのは紛れもない事実である。

　日本のJRでは平均の乗車距離が28kmであるが，台湾では57kmと2倍である。短距離乗車が圧倒的な通勤・通学輸送の割合が極めて小さいのが台湾の鉄道である。今後の地下鉄網の整備が待たれるところである。

○第4章　台湾紀行

② 高速鉄道（新幹線）

　一方，高速鉄道に目を転じると整備の状況は逆転する。2005年に台湾高速鉄道（台北―高雄間345km）が開業した時点で国土1km²当たり10mの路線延長となるが，これは日本の2倍強である。これより10年後に日本の整備新幹線（整備5線）が開業しても，台湾の数字にはわずかに及ばない。狭い国土に人口が密集する台湾における社会基盤整備の効率の良さを示す好例であろう。

写真-4.3　特急・自強号（西海岸縦貫線　台北―高雄間360kmを4時間30分で走行。新幹線開業直前の東北・上越線のイメージ）

③ 高速道路

　西部縦貫高速道路は1978年に開通。その後徐々に路線網を延ばし，現在は国土1km²当たり17m。日本と全く同じ値である。さらに台湾西部を縦貫する第二高速道路が2003年に完成予定である。この時点で1km²当たり25mとなり，日本を追い抜くことは確実である。ただし，台

湾の人口密度は日本の2倍である。自動車の普及率が低いにもかかわらず，高速道路は終日渋滞している。

④　エネルギー施設

　原油のほとんどを輸入に頼っている点は日本と同じであり，一次エネルギー源に占める石炭・石油・天然ガス・水力・原子力の比率も日本と大して違わない。

　1人当たりの電力消費量は日本の約8割に達している。今後の電力需要増に対応するため，台湾電力では1996年から2006年までの10年間に2,250万kWの電源開発を計画している。うち，LNGによる増分が約760万kWと，最も割合が高い。

　原子力発電については，日本でも騒動が報じられた新設分（260万kW）が完成すると，1人当たりの出力が355Wとなる。日本では建設中のものを合計すると402Wとなり，日・台がほぼ同レベルとなる。

　なお，台湾には南部に6基，合計69万klのLNGタンク（地下式）があり，台北方面へのパイプライン網が整備されている。1人当たりでは31ℓである。日本の102ℓと比較すればかなり小さい。今後，設備の増強が図られる見込みである。

　人口密度が日本の2倍，しかも人口のほとんどが西海岸地域に集中している台湾における社会基盤整備はきわめて効率良い事業であると思う。東京―名古屋間のようなものである。経済がさらに成長しているはずの数十年後はどのような姿になっているのだろうか。

○第4章　台湾紀行

建設行政

　営建，営造，工程。これらは全て台湾で「建設」を示す言葉として使用されている。例えば，「内政部営建署」，「台湾営建研究院」，「清水営造」，「交通部高速鉄路工程局」といった組織名称である。台湾出身の大学院生に尋ねたところ，営建―土木と建築の建設，営造―土木の建設，工程―土木工事という答えが返ってきた。もっとも，該当の部分をすべて「建設」に置き換えれば，日本人には意味が十分通じるのではあるが。

　ともに漢字の国であるから，漢字表記の組織名を見るとつい親しみを感じてしまう。そこで台湾の建設行政についてご紹介したい。

①　台湾の省庁

　台湾では，日本の中央官庁の「省」に相当するものを「部」と称する。これは中国も同様である。行政院長（総理大臣に相当）の下，8つの部が設けられている。内政部（日本の旧内務省に相当），外交部（外務省），国防部，財政部（財務省），法務部，経済部（経済産業省），交通部（運輸通信省），教育部（文部科学省）である。例えば「外交部長」は日本の外務大臣に相当する。

②　建設関連の所管省庁

　これらのうち，建設分野を所管する役所は，**内政部**―国土都市計画・建築・住宅・上下水道・道路（市区道路）・公園・建設産業・技術者資格，**交通部**―道路（幹線）・鉄道・航空・港湾・海岸，**経済部**―電力・河川（水力発電，治水，水資源）・工業規格・セメントコンク

― 127 ―

リート産業,である。

　内政部が主として建設部門と警察部門とから成り立っている点は戦前の日本の内務省を想起させる。また,経済部の役割も日本の経済産業省と似ている。しかし,治水を含めて河川を管理している点は水力発電に主眼が置かれているということか。

　一方,鉄道・幹線道路・航空・港湾といった交通関係を全て交通部が管轄している。日本の国土交通省を先取りしていたということになるのだろうか。ただし,この交通部が通信をも管轄している点は戦時中の日本の「運輸通信省」と同様である。

写真-4.4　台湾の政治の中心・総統府
（日本統治時代の1919年に台湾総督府として竣工）

　少数ではあるが,台湾にも「建設」を名乗る組織が存在する。社会基盤の建設を示す言葉だそうである。確かに,台北市と高雄市には

○第4章　台湾紀行

「建設局」が置かれている。「××建設」という名の企業も見かける。しかし，中央政府では皆無であった。

　その台湾で，現在，「建設部」設置が論議を呼んでいる。日本流に言えば「建設省」。社会基盤に関する計画，施工，運営や維持管理を，地方も含めて一元化した役所の設置である。その目的は，①社会基盤整備計画の整合，②技術者が質・量ともに不足している地方公共工事における技術力の確保，の2本柱による行政の効率向上と品質の向上である。具体的な内容は未定であるが，数年内に結論が出る見通しである。

　現在の日本でこのような提案をすれば「手段を組織名にするとは…」と批判されそうである。しかし，建設部設置の最大の目的は，中央・地方政府を一元的に管理することによる施工の品質の向上にありそうである。それだけ施工の品質が問題となっているのであろう。実際，「公共工事基本法」の制定や，登録制度による建設業者の管理強化なども検討の対象となっている。

　建設省の設置は中央政府の権限拡大につながる。「地方の権限を奪い中央集権を強化するのか」という批判の声もあがりそうである。しかし，台湾の人口は日本の6分の1，面積は九州並みである。日本でも導入が提案されることのある「道」や「州」と同規模であろう。2001年1月に誕生した国土交通省の各地方整備局と同じであると思えば，決して時代に逆行する提案ではないと思う。

　日本の将来のあり方を探る上でも，台湾の建設部設置の動向に注目したい。

高速道路

　台湾の自動車のナンバープレートには「台湾省」「台北市」「高雄市」と3種類ある。台湾は，台湾省―縣（県というよりも郡）―市鎮郷（市町村）という階層に区分されているが，台北市と高雄市は中央政府の直轄市として台湾省と同格であるためである。なお，中央政府と台湾省の管轄区域がほぼ同じであるため，行政組織としての台湾省は1999年に廃止された。同時に，台湾省政府の業務が中央政府に割り振られている。

　台湾には，行政区分のランク分け同様，国道，省道，縣道，市道，鎮道，郷道が存在する。これらのうち，国道と省道を日本流の国道と見なしてよい。ただし，「国道」は有料の自動車専用道路，「省道」は一般国道に相当する。国道は交通部（運輸通信省）の，省道は台湾省政府の管轄であったが，1999年の台湾省政府廃止に伴い，いずれも交通部の所管となっている。

　この「国道」にも2種類ある。「高速公路（高速道路の意味）」と，単なる「公路」である。「高速公路」は西海岸地域を縦貫し，すでに500km近い延長距離に成長している。さらに数年後には西海岸地域を縦貫する第二高速公路など350kmが開通予定である。この時点で単位面積当たりの延長距離が日本を上回ることは確実である。

　一方の単なる「公路」は多少規格が落ちる。しかし，英語では高速公路とともに「フリーウェイ」と呼称していることから，高速道路と呼んでも差し支えないと思う。現在，縦貫高速道路から空港への連絡線や大都市周囲の環状線など，100km近くが供用されている。さらに，開発が遅れている東海岸地域への連絡，および同地域を縦貫する路線

○第4章　台湾紀行

写真-4.5　混雑する高速公路（台北市郊外）

写真-4.6　建設中の第二高速公路（新竹市付近）

写真-4.7　建設中の第二高速公路
（台中市付近，箱桁に自己充填コンクリートを打設中）

が合計430km計画されている。

　以上の2種類の「国道」を合計すれば，台湾の自動車専用道路の延長距離は1,400km。国土1km²当たり39mの延長距離となる。日本の場合，整備計画延長（供用中，施工中，調査中の路線の合計）でも1km²当たり24mである。さすがに人口密度が日本の2倍という国である。

空　港

　新幹線のない台湾では国内航空の需要が極めて旺盛である。離島を除けば7つの国内線の空港が存在する。東京―名古屋間の距離しかない台北―高雄間に1日当たり100往復近い便が飛んでいる。在来線の特急で4時間以上も要しているのだから当然の成り行きであろう。高雄から40kmしか離れていない台南にも空港があり，台北との間を1日

○第4章　台湾紀行

30往復もの便が結んでいる。

　国際空港は台北と高雄にある。このうち，表玄関の役割を果たしている中正国際空港は台北市の西30kmに位置している。成田空港がオープンした1年後の1979年，手狭となった台北市内の松山空港から国際線のみを移転して開業した。開港の経緯から国内線と別空港である点まで成田と同じである。ちなみに，韓国・ソウルの仁川空港も，金浦空港から国際線のみを移転して2001年3月に開業している。日・台・韓の首都において国際線と国内線とが別空港となってしまった点で共通しているのは偶然であろうか。

　さらに，台湾と韓国ではそれぞれ新幹線の建設が進んでいるが，3国とも新幹線が空港に乗り入れる計画がない点でも一致している。よもや日本が両国に影響を与えたわけではあるまいが…。

写真-4.8　台北・松山空港（国内線が頻繁に発着）

新幹線プロジェクト①
― 概要

　2005年10月，台北・高雄間345kmを90分で結ぶ最高時速300kmの新幹線が台湾に走り始める。フランス・ドイツの欧州勢主導で計画が進んでいた台湾高速鉄道（現地での呼称は高速鐵路）であったが，1999年12月，土壇場での大逆転により日本の新幹線のシステムの採用が決定したことは記憶に新しい。日本の新幹線の海外進出はこれが初めてのケースとなる。意気消沈気味の日本を力づけてくれるニュースであった。

　そもそも現在の台湾の鉄道は日本統治時代に建設されたものであり，軌間も日本の在来線と同じ1,067mmである。超高速列車の導入に当たっては軌間1,435mmの全く新しい路線を建設しなければならないのも日

写真-4.9　台湾高速鐵路の起点・台北駅
（在来線用の4本の地下プラットフォームのうち2本を新幹線に転用）

○第4章　台湾紀行

写真-4.10　台湾高速鉄道に導入される予定の新幹線700系車両（のぞみ号）：東京駅にて

本と同様である。日本が台湾の在来線と新幹線の建設の両方に深いかかわりを持つことになったのも，単なる偶然ではないと思う。

　ただし，今回の建設計画は決して日本の新幹線のシステムをそっくり踏襲したものではなく，相違点も多い。具体的に見ていく。

建設・運行主体

　建設費は日本円に換算して約1兆5,000億円。うち土木建築は約6,000億円である。建設は，交通部（日本の旧運輸省に相当）と事業権契約を締結した「台湾高速鐵路公司」（台湾内外の企業が出資）が担当し，35年間のBOT（建設・運営し，35年後に譲渡）方式を採用する。

路線の選定

　平均の駅間距離は日本と大差ない。しかし，停車駅の設置場所に対する方針が全く異なっている点が興味深い。台北・板橋以外では在来線の市の代表駅に併設せず，全て郊外に新たに建設する（**表-4.3**）。中心市街地での困難を極める用地買収を避けるためであるが，駅の郊外立地による，鉄道駅と一体化した周辺の開発も意図している。

表-4.3　台湾高速鉄道の停車駅

在来駅（市の中心駅）に併設：台北，板橋 在来駅（郊外）に併設：台中，高雄（将来は現高雄駅に乗入れ予定） 郊外に新設：桃園，新竹，苗栗，彰化，雲林，嘉義，台南

　日本の場合，急カーブなど線形に支障がない限り，新幹線駅は在来駅に併設されている。東海道新幹線以来の伝統である。台湾の新幹線では在来線に乗り換えできない，いわゆる「岐阜羽島駅」が中間に並ぶことになる。

構造物

　複雑な地形，それほど良くない地盤，そして高い人口密度による立体交差の必要性により，高架橋・橋梁76％，路盤7％，トンネル15％の割合となる。この構成比は東北新幹線の東京―盛岡間とほぼ同じである。

　構造物は時速350kmに対応した設計である（日本は時速260km対応，以下日本との比較）。最小曲線半径6,000m（4,000m），軌道中心間隔は4.5m（4.3m）。これらは欧州高速鉄道の規格である。日本の新幹

線と比較すればかなり余裕があるが，欧州システムの採用を前提とした当初計画の名残である。

BOT方式も鉄道新設と一体化した沿線開発も前例はあるが，新幹線ほどの国家的プロジェクトで導入されるのは世界初である。英仏海峡のユーロトンネルを上回る，史上最大規模のBOTプロジェクトとなる台湾新幹線の今後の展開に注目していきたいと思う。

新幹線プロジェクト②
― 建設工事

台湾の新幹線の実質的な着工は2001年初頭であった。2005年10月の開業を目指して工事が急ピッチで進められている。日本の新幹線と同じ形式の車両が走るとはいえ，路線計画同様，施工の点でも日本と大きく異なっている点があり興味深い。2001年8月に建設現場を見学することができたので，その際に得られた情報を交えながらご紹介する。

工区割りと施工業者

台北駅付近を除いた延長334kmの路線をわずか12工区に分割している。したがって1工区の長さは平均30km近くに及ぶ。日本の新幹線建設では1工区がせいぜい数kmであるから，はるかに大規模である。

施工業者の顔ぶれは多彩である。台湾以外の6ヶ国の企業（日本，ドイツ，韓国，オランダ，タイ，香港）が参画している。全ての工区に台湾企業が名前を連ねているのはもちろんであるが，台湾外の企業がスポンサーを務めているJVが9つある。日本からは3企業が5つのJVに参画している。スポンサーであったりサブであったりと立場

は異なるが，工事の遂行に必要不可欠な技術力が期待されているのはもちろんである。

　なお，軌道工事（レールの敷設）および駅部分は別発注である。

写真-4.11，4.12　　建設中の高架橋（台南市付近）

○第4章　台湾紀行

発注方式

　設計と施工の両方を発注するデザイン・ビルド方式。したがって工区ごとに異なる形式の構造物が見られることになり，当然のことながら施工法も工区ごとに異なる。日本では発注者が作成した設計図どおりのものを施工するため，建設時期が同じなら構造が工区によって異なることはない。

　台湾新幹線の発注方式では各企業の自由度が大きい。一方，日本のこれまでの方式は，自由度こそ小さいが確実性が高いことはこの数十年の実績が物語っている。日本に先んじて設計施工方式を採用した台湾の新幹線プロジェクトがどのような展開を見せるか，注目していきたいと思う。

　なお，「新幹線建設工事」として発注されている部分には，起点・台北駅から約10km地点までの建設工事は含まれていない。1989年に台北駅付近の在来線（複線）の地下化を行った際，新幹線の建設を見込んですでに複々線用のトンネルを建設しているからである。台北駅を発車した新幹線は約10kmの地下線を在来線と併走して地上に顔を出し，在来線と分かれて独自の路線を走行することになる。最も用地買収の手間のかかる都心部分が完成しているからこそ，実質5年間での施工が可能となる。

　台北駅については，現在の4本の在来線用プラットフォームのうち2本，4線分を新幹線に転用する。台北駅から7.7km地点，在来線の駅に併設される板橋駅は近年地下化され，併せて新幹線用の設備も完成している。数年中に地下鉄も乗り入れ，台北西部の交通ターミナルと

なる。東海道新幹線に建設中の品川駅と似たような機能を持つことになる。

　余談ながら，台北駅の西隣が板橋なら，東隣は松山という駅名である。発音こそ違うが，台湾の地名の数割は日本のそれと共通だそうである。例えば，岡山，清水，三重，水上，石岡，そして大内など。他の漢字圏には見られない現象で，この点でも台湾に親しみを感じてしまう。

地下鉄プロジェクト

　台湾の都市を歩くとバイクの洪水に圧倒される。二輪車の台数が人口の約半分という高い普及率である。これは決して日本の約半分という乗用車の普及率の低さだけが原因ではない。近年まで地下鉄がなかったことが影響していると思う。台湾初の地下鉄（台湾ではMRT：

写真-4.13　台北の地下鉄（この数年間で予定路線のほとんどが開業）

○第4章　台湾紀行

写真-4.14　二輪車の洪水・台北市（上部は新交通システムの高架駅）

Mass Rapid Transitと呼称）が台北市に開業したのが1997年。日本初の地下鉄（上野―浅草間）が開業した1927年と比較するのはともかくとして，韓国・ソウルではすでに1974年に開業している。台湾が都市内の鉄道建設に消極的であったことは否めないと思う。

　台湾で2番目の地下鉄は，第二の都市・高雄（人口148万人）に建設される。2001年10月に着工した。2005年の開業を目指し，2路線・合計42.7kmの路線を建設中である。建設費は約6,000億円で，36年間のBOT方式（国内外から出資した会社が建設を行い，開業後36年間後に政府に譲渡）が採用される。さらに将来40km弱の建設計画がある。なお，台北のMRT建設は市政府の事業として行われているため，地下鉄建設では高雄が台湾初のBOT方式となる。

　翻って，東京の地下鉄網は2000年までに予定路線のほとんどが開業した。残る工事区間は半蔵門線の水天宮前―押上間の6.1kmのみ。着

写真-4.15　高雄駅
（将来は地下に新幹線と地下鉄が乗り入れる予定）

手予定もわずかに池袋―渋谷間の8.9kmのみである。「地下鉄工事中」は戦後の東京の風景として定着した感があるが、もはや過去のものとなりつつある。日本全国の分を合計しても建設中の地下鉄路線の合計はわずか68km。人口が日本の6分の1に過ぎない台湾内の建設中の路線延長とほぼ同じにまで減少している。

　ただし、決して台湾と比較することにより建設黄金時代を懐かしんでいるわけではない。台北市の規模（264万人，272km²）とよく似ている日本の都市は名古屋（215万人，326km²）である。台北のゴムタイヤ式新交通システム11kmを含めれば、現在の地下鉄の路線延長距離もともに約70kmである。ただし、名古屋の地下鉄は1962年の初開業以来、今日まで徐々に路線を延ばしてきた。これは名古屋市に限らず、日本の都市の一般的傾向である。

○第4章　台湾紀行

　一方，台北では1997年の開業後わずか3年間で現在の路線延長距離に成長している。建設中の路線は残すところ20kmあまり。着工時期こそ遅かったが，路線網の整備が驚くべき速さで進んだことに注目したい。高雄市のMRTも5年間で40kmあまりを完成させる予定である。

　社会基盤施設は必要性に応じて整備されるものであるから，よほどの先行投資型プロジェクトでない限り，早めに建設計画を実現，すなわち早く開業することが望ましい。もちろん，予算の制約等により一挙の着工・同時開業は難しいことは確かである。しかし，早期の同時開業を最優先した台湾の方針には見習うべき点が多いと思う。

　というのも，昨今の日本の状況に首を傾げざるを得ないことが多いからである。それほど長くない鉄道路線の建設に10～20年間も時間をかけざるを得ない状況は明らかに不合理であると思う。本当に必要な施設ならばきちんとした予算上の措置を行い，一刻も早い完成を目指すべきである。

　さて，工事量が短期間に集中する場合，技術者の確保および工事終了後の処遇が気になるところである。台湾の場合，技術者の移籍の自由度が大きいため，あまり大きな問題とはなっていないそうである。

銅像になった日本人

　明治時代に日本の近代化に貢献した外国人の銅像は日本国内に数多く存在する。では，海外に日本人の銅像は存在するか？　と問われれば答えに窮する方が多いと思う。野口英世や杉原千畝が第一候補であろうか。

　しかし，両氏について調査してみたところ，ニューヨークのロック

フェラー研究所に野口英世の胸像があるだけである。銅像までたどり着くことは難しいようである。もちろん，銅像の有無がその人の功績の大小を示しているわけではないが，日本人の貢献に対する外からの評価の目安にはなると思う。

　いきなり銅像の話を持ち出したのは，台湾に日本人の銅像が存在することを知っていただきたかったからである。台湾総督府の土木技師・八田与一（はった・よいち）氏。台湾に現存する唯一の日本人の銅像である。

写真-4.16　八田与一像（烏山頭水庫を望む位置に建立）

　台湾南部，官田渓（「渓」は急な川の意味）に，セミ・ハイドロリックフィル工法により総貯水量1億5,000万m^3に及ぶ烏山頭水庫（ダム）を建設。堤頂長1,273m，高さは56mと，当時としてはアジア一の規

○第4章　台湾紀行

模。加えて，3kmにおよぶトンネルを掘り，隣の河川からも取水。そして，これらの水を，総延長1万6,000kmの水路を通じて供給する灌漑設備を設計し建設を指揮。10年の歳月を費やして1930年に完成した。夏は氾濫，冬は乾燥と，不毛の地と言われていた嘉南平野を一大穀倉地帯に変えた功労者である。これらの構造物は総称して「嘉南大圳（かなんたいしゅう）」と呼ばれている。

なお，八田氏については是非，古川勝三氏の著作『台湾を愛した日本人』をお読みいただきたいと思う。

近年，台湾の近代化に日本が果たした役割について再認識する動きが高まっている。書店を眺めれば何がしかの本が平積みされている。

1997年にはじめて登場した台湾についての中学校用の地理と歴史の国定教科書にも日本人が台湾の近代化に貢献した旨の記述があり，そ

写真-4.17　烏山頭水庫

－ 145 －

の代表的な日本人として八田氏が取り上げられている。日本語訳版も出版されているが，その「日本語版刊行に当たって」には，「(前略)これ（註：嘉南大圳）を設計，建設した日本人技師・八田与一の名が見えるが，台湾の建設に並々ならない情熱を注いできた日本人に，多くの台湾人が好感を抱いていることを，日本の人々には是非知ってもらいたい（後略）」とある。

　社会基盤の建設のみならず，米や砂糖の増産を達成した農業改革，工業化，教育制度，さらには時間厳守・順法精神・衛生概念の確立まで，20ページ分，本文全体の実に7分の1を日本人が台湾の近代化に貢献した旨の記述に充てている事実に注目したい。ちなみに「植民地支配」についての記述はその半分，11ページであった。

写真-4.18　台中駅
（1917年竣工。台湾の鉄道網の整備は日本統治時代に行われた）

○第4章　台湾紀行

　現在，日本は多くの問題を抱え，意気消沈気味である。しかも建設に携わる者への風当たりは強い。こんな時にこそ，先人達の努力に思いを馳せ，決して日本人が行ってきたことが間違いばかりではなかったことを再認識した上で，世のため人のために何をすべきかを良く考えるべきなのだと思う。

　台湾はそんなことを考えるのに絶好の場所である。

【参考文献】
中華民国統計年鑑2000年版
台湾高速鐵路ホームページ http://www.hsr.gov.tw/
古川勝三：台湾を愛した日本人，青葉図書，1989年
司馬遼太郎：台湾紀行－街道を行く40，朝日文芸文庫，1997年
台湾国民中学歴史教科書・日本語訳版：台湾を知る（原題名　認識台湾），雄山閣出版，2000年

第5章

日本の建設・コンクリート事情

建設需要を示す指標としてよく用いられるのが「建設投資額」や「建設業の生産額」である。加えて，著者は本書の第2章で「セメント消費量」が建設された構造物の量に対応していると仮定し，あれこれと論じてきた。

　これら3つの指標は高い相関を持っているが，それぞれの意味は異なる。したがって，これらの指標を組み合わせてみることにより日本の建設・コンクリート事情やその変遷について明らかにすることを意図したのが本章である。

　合計10節に分かれている本章のテーマは，順に「建設需要（構造物の量）」「建設コスト」「建設投資の地域差」の3つに大別される。

　本章で使用した建設に関する統計データは，第二次大戦以降の毎年のセメント消費量，建設投資額，建設業の生産額，建設業の従事者数，そして2000年度の各都道府県の生コンクリート出荷量と，ごく簡単に手に入るデータばかりである。個々の数字についてはどこかでご覧になった方も多いと思うが，本章ではその組み合わせの妙について味わっていただければ幸いである。

　なお，建設投資額に対するセメント消費量の割合を表す「セメント原単位」，建設投資額の対GDP比，そして建設業の生産高を従業者数で割った「建設業の生産性」については既往の文献を参考にしたことを予めお断りしておく。

セメント需要の変遷

　終戦直後から2000年までの，日本の1人当たりセメント消費量の変

○第5章　日本の建設・コンクリート事情

遷を示す（図-5.1上）。1947年にはわずか16kg/人であった消費量は，オイルショックまでの四半世紀あまりの間に一貫して増加を続け，1973年には715kg/人を記録した。これが日本におけるピークである。以後乱高下を続けてきたが，バブル崩壊直後の1991年を境にこの10年間は減少を続けている。この傾向は今後さらに続くものと予想されている。2000年の消費量571kg/人はもはや1971年の水準である。

　同じデータを対数目盛りで表示してみる（図-5.1下）。線の傾きが消費量の変化率を示している。終戦直後から現在までのセメント消費量

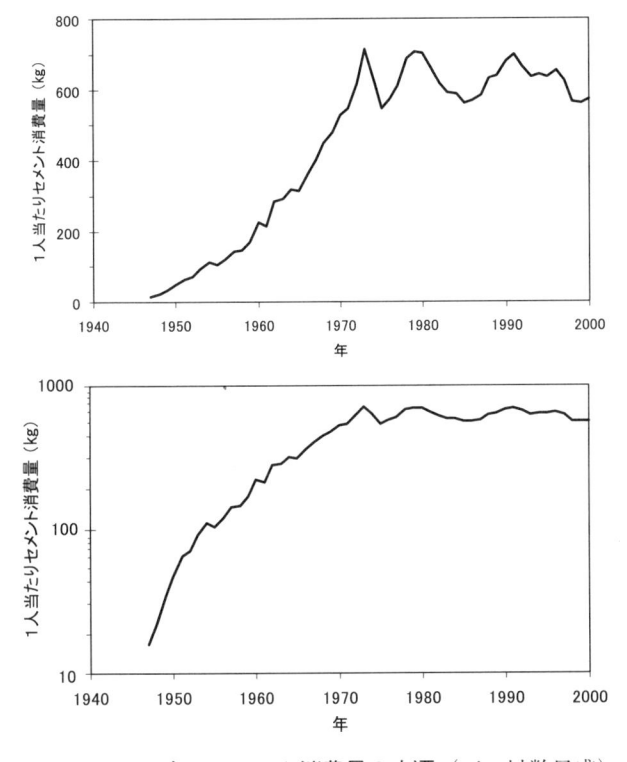

図-5.1　日本のセメント消費量の変遷（下：対数目盛）

— 151 —

の変遷を，変化率の点から大まかに 3 つの時期に区分できると思う。

第一期（1947～1955年）：年率約30％の割合で増加
第二期（1956～1973年）：年率約10％の割合で増加
第三期（1974年以降）　：ほぼ増減なし

　第一次オイルショック以降は変化率が極めて小さい。バブル期の消費量の伸びも率としては大したものではなかったことが，対数目盛りで表示すると一目瞭然である。
　産業の魅力が当該商品の販売数量の増加率により決定されるならば，セメント・コンクリート産業が魅力的であったのは第一次オイルショックまでであり，以後は成熟したと見るべきなのだろうか。

写真-5.1　山陽新幹線・姫路駅
　（セメント消費量の伸び率が停滞し始める直前の1972年に開業）

○第5章　日本の建設・コンクリート事情

建設におけるセメント・コンクリートの地位

　1960年から1999年までの日本における実質建設投資額（1990年価格）の変遷を示す（図-5.2）。オイルショックの1973年までは増加，それ以降は停滞気味であるのはセメント需要と同様であるが，1985年から90年にかけて増加している。バブルによるものであろう。

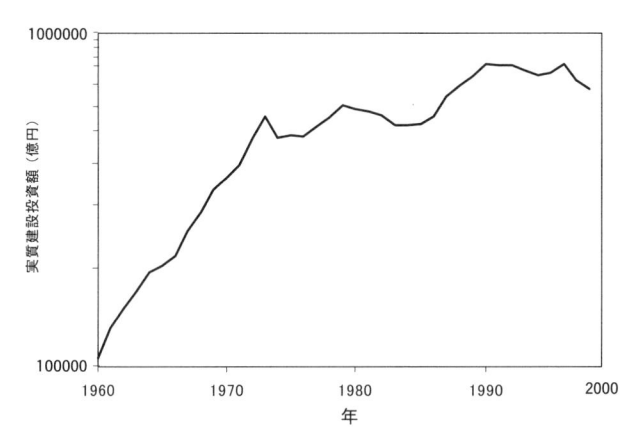

図-5.2　実質建設投資額の変遷（1990年価格，対数目盛）

　では，建設全体に占めるセメント消費量の地位はどのように変化してきたのか。建設投資額に占めるセメントの消費量の割合「セメント原単位」を求めてみた（図-5.3）。1960年以降，基本的には一貫して減少傾向にあることが分かる。オイルショックやバブル崩壊後には横ばいとなることもあったが，今後セメント原単位が大きくなることはなさそうである。それだけ建設工事が複雑化，あるいは構造物・建築物が高付加価値化しているということなのか。あるいは労務費の高騰が大きく影響しているのだろうか。

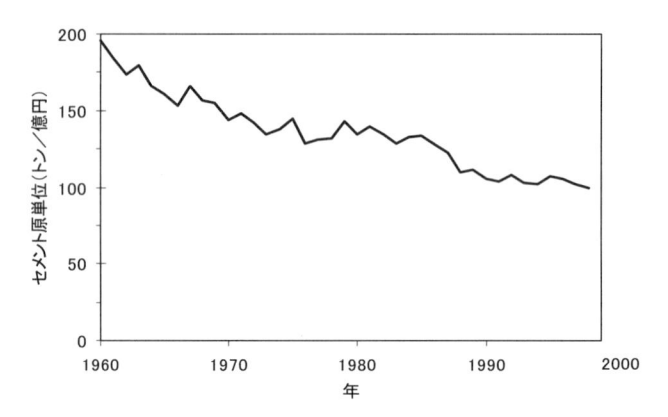

図-5.3 セメント原単位の変遷
（実質建設投資1億円（1990年価格）に対するセメント消費量の割合）

> **建設投資額**
> 　有形固定資産のうち，建物および構築物に対して行われた投資。一般には，建設工事によって新たに固定資本ストックに付加される部分を指す。機械設備等は建設投資には含まれないが，エレベータ，冷暖房設備など建築物および構築物と一体となって機能を発揮するものは含まれる。
> 　各年の価格で表示したものが名目建設投資額，物価水準の変動を考慮してある特定の年の価格に調整したものが実質建設投資額である。
> 　なお，建設投資額には用地取得費は含まれない。また，維持修繕のための工事は固定資本の増加とはならないため投資とは見なされない。ただし，公共事業の維持修繕は投資として扱われる。
> 　　　　　　　　　　　　　　　　　　【建設統計ガイドブックより】

経済成長とセメント需要

　1955年から98年までの日本の1人当たり実質国内総生産（GDP, 1990年価格）とセメント消費量との関係の変遷を示す（図-5.4）。戦

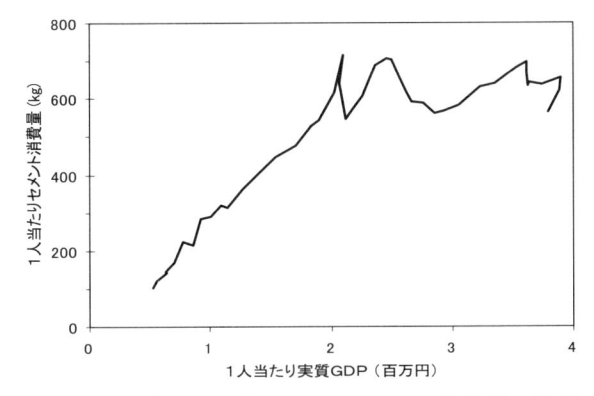

○第5章 日本の建設・コンクリート事情

図-5.4 1人当たり実質GDPとセメント消費量の関係

後一貫してGDPが増加してきたため，横軸はそのまま時代の推移と見なして良い。

　戦後一貫して経済成長とともに伸びてきた日本のセメント需要は，1973年のオイルショックにより転機を迎えた。それ以降，GDPが伸びているにもかかわらず，セメントの消費は増えていない。もはや経済発展イコールセメント需要の増大という図式が通用する時代ではないということになる。

　ここで見方を変えて，GDP1億円に対するセメント消費量の変遷を求めてみた（**図-5.5**）。経済力に対するセメントや建設需要の位置付けの変遷という見方ができると思う。図－5.4のグラフとは異なる傾向が見られる。すなわち，戦後，国内総生産に対するセメント消費量の割合は増加し続け，東京オリンピック開催の1964年頃には30トンに達し，以後一定値となった。その後，1973年のオイルショック前後に乱高下し，1980年代に入ってからは一貫して低下し続けている。1998年では15トン程度である。建設需要が異常に多かったように思えるバ

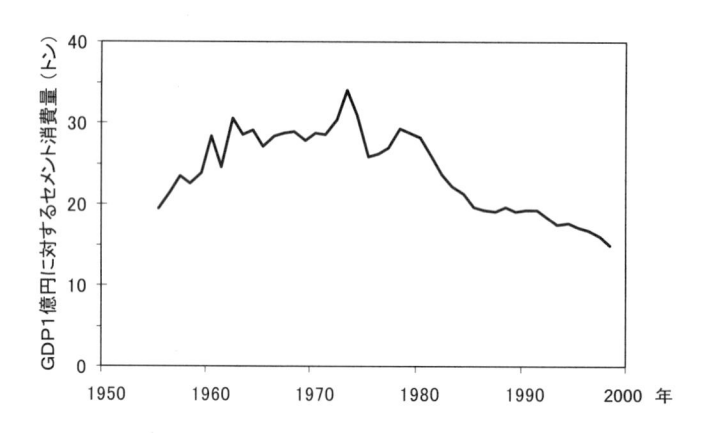

図-5.5　GDP1億円に対するセメント消費量の変遷
（GDPは1990年価格）　【1973年の突出と1986〜91年の横ばいに注目】

写真-5.2　上越新幹線・新潟駅
（GDPに対するセメント消費量が低下し始めた直後の1982年に開業）

ブル期でさえ，GDPに対するセメント消費量の割合はかろうじて下げ止まっていたに過ぎないことが分かる。

今や日本は，経済発展がセメント需要の増大に結びつかなくなってきただけではなく，すでに20年前から経済が発展してもセメント需要が低下する段階に突入していたということになる。日本のいわゆる「ハコもの」の整備は1980年ごろに一段落し，建設以外の産業が大きく伸びてきたということである。これは当然の成り行きであると思う。他産業の発展を下支えするのが構造物の役割である。もちろん，整備すべきものはまだまだ残されていると思うが，今後日本経済が回復または成長しても，セメントの消費が量的には期待できないことを覚悟しなければならないのだろう。

経済成長と建設投資

では，セメントのお得意先である建設業が日本の経済に占める割合はどのように変化してきたのだろうか。1960年からの日本の国民総生産に対する建設投資額の比率を求めた（図-5.6）。

第一次オイルショックの1973年には25％まで上昇，以後は低下傾向にある。1980年代後半のバブル期は建設投資がかなり多かったように見えたが，オイルショック直前ほどではない。今となっては下げ止まっていた時期としか見えない。1999年には14％にまで低下している。

それにしても，このグラフで異様な傾向を示しているのは，GDPに対して建設投資が突出した1973年と，減少傾向にあった中で一時的に増加を続けた1988から90年の間である。これら2つの時期の直後に何が起きたかは明白である。建設投資の動きが異常な傾向を示したら

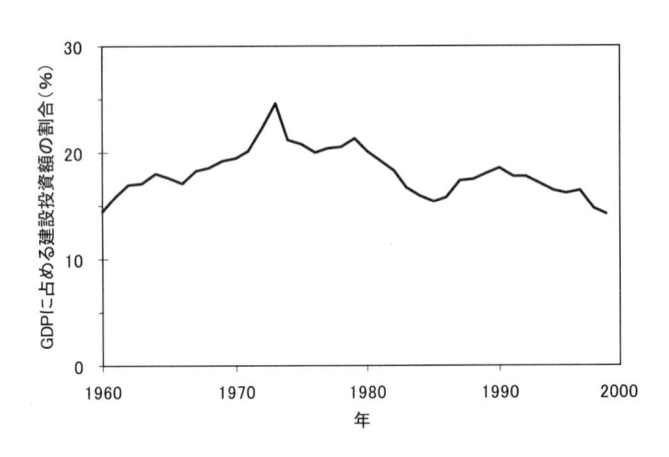

図-5.6　GDPに占める建設投資額の割合

経済危機の兆候なのであろうか。というよりも，実体経済以上に過剰に行ってしまいがちなのが建設投資なのであろう。

建設業の生産性

日本経済において建設業はどのような地位を占めてきたのか。GDPに占める建設業の生産額の割合を求めた（図-5.7）。建設投資額のGDPに占める割合の推移（図-5.6）とは様相が異なっている。確かに「建設冬の時代」と呼ばれた1985年にいったんは底を打つが，1994年までは基本的に上昇傾向にあった。

では，建設業の効率という観点からはどうか。GDPに占める割合を，日本の全労働人口に占める建設業の従業者数の割合で割った値の変遷を示す（図-5.8）。全産業の平均を1とした場合の建設業の生産性を示していることになる。

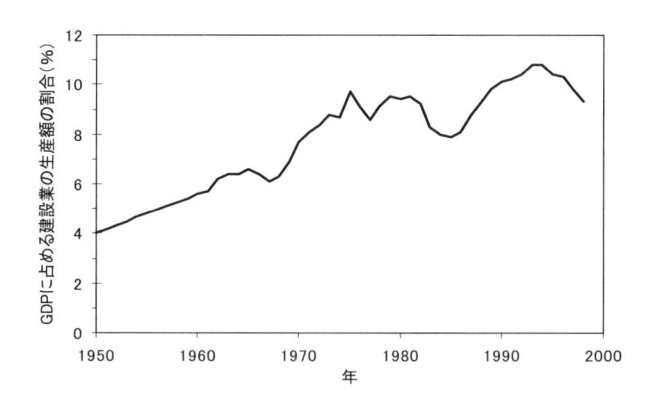

○第5章　日本の建設・コンクリート事情

図-5.7　国内総生産に占める建設業の生産額の割合

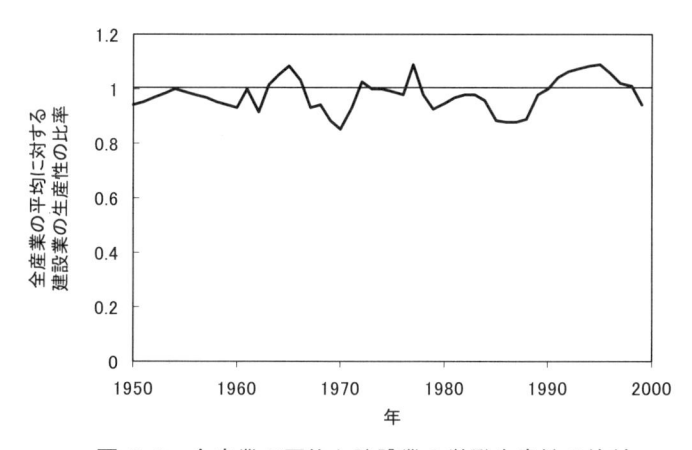

図-5.8　全産業の平均と建設業の労働生産性の比較

　第二次大戦後，1以下であった時期が半分以上を占めていることに驚く。建設業は基本的には効率の悪い産業であり，好況期にしか生産性が良くならないのだろうか。

> **建設業の生産額**
>
> 建設業の産出額（いわば売上高）から建設資材や外注などの中間投入分を差し引いたもの。建設業が新たに生み出した価値である。
>
> 【建設業ハンドブック2001より】

> **新しい国民経済計算法**
>
> 国連が1993年に勧告した新しい国際基準に従い，日本の国民経済計算法が2000年に改訂された。詳細は省略するが，同方法により国内総生産額およびその内訳額の1つである建設業による生産額も少なからず影響を受けた。
>
> 例えば，1998年において，従来の算出方法ではGDP 4,984,990億円，建設産業の生産額461,220億円，GDPに占める建設業の生産額の割合は9.3％であったが，新しい方法によるとGDP 5,158,350億円，建設産業の生産額397,400億円，GDPに占める割合は7.7％となる。
>
> 著者の手元には，新計算方式によるこれらのデータは1990年まで遡った分しかない。そのため，過去からの変遷を見ることを主目的としている本章では従来の算出方法によるデータを使用している。
>
> ちなみに，新方式による建設業の生産額がGDPに占める割合は，1990, 95, 96, 97, 98, 99年の順に9.8, 8.1, 8.0, 7.9, 7.7, 7.6％と，従来の計算方式と比較していずれも低い割合となっている。新計算方式により建設業の生産性はさらに低く評価されることになる。
>
> 【日本国勢図会2001および国民経済計算2001より】

建設コスト

従来の建設技術は，「より長く」「より高く」「より深く」といった，いわば記録への挑戦に注目が集まっていた。青函トンネル，本四架橋，東京湾横断道路など，長年の夢を実現するプロジェクトのための技術開発であった。

○第5章　日本の建設・コンクリート事情

　大規模プロジェクトが一段落した現在，今後の建設技術開発の方向も変化せざるを得ない。「安い」「長持ち」などがキーワードとなることは間違いないだろう。これらを「ライフサイクルコスト」として一元化し，トータルでのコストが小さくなるようにする技術が今後は必要である。

　コンクリート構造物の建設コストについて，廣田良輔氏の「新幹線のインフラコストと建設技術の進展」から衝撃的な事例を紹介したい。1964年開業の東海道新幹線と，その後33年を経て1997年に開業した北陸（長野）新幹線の高架橋とトンネルの建設コスト（純工事費）の変遷を，用地費を除いて比較したものである。技術開発の進展による建設コストの変化の違いを比較することができる。

　高架橋・トンネルとも，物価水準を考慮すれば，北陸新幹線の建設費の方が安くなっている。ただし，高架橋が当時のコストの0.73倍にとどまっているのに対し，トンネルは0.43倍にまで安くなっている。結果として北陸新幹線では高架橋のキロ当たり建設費28億円に対し，トンネルは24億円となってしまったとのことである。従来の常識からの逆転である。直接工事費のみでトンネルの方が安いのであるから，用地費を含めればその差はもっと開くことになる。

　このような差を産み出した原因を一言で言えば，トンネルでは設計・施工法の技術革新に伴い人工数を7分の1に減少させているのに対し，高架橋では基本的な設計・施工法にほとんど変化がなく，人工数が半分しか減少していないためである。その上で，資材費の上昇分（せいぜい2，3倍）に対して労務単価の上昇分（約15倍）が桁違いに大きいために産み出された差であるとしている（図-5.9）。

― 161 ―

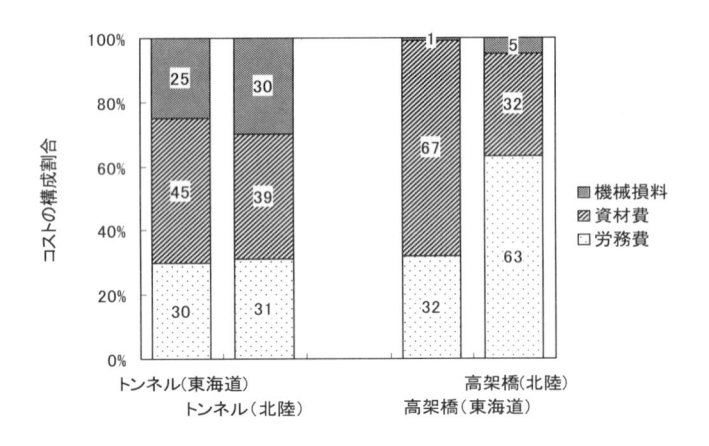

図-5.9　東海道新幹線・北陸新幹線のトンネル・高架橋の直接工事費の構成割合
【北陸新幹線の直接工事費　トンネル：24億円，高架橋：28億円】

　危険と言われ続けてきたトンネル工事は施工法を革新し，人工数を減らすことにより結局大幅な建設コスト削減を達成した。一方の鉄筋コンクリート高架橋の建設は相変わらず「手間賃を食っている」状態ということになる。

　もちろん，地山という，ある意味では予め存在する「構造物」を利用できるトンネルに対し，地面以外には何もない場所に建設しなければならない高架橋は不利な条件にあるかもしれない。しかし，材料や機械の技術革新を利用することによる建設コスト削減の余地がないとはとうてい考えられない。コンクリートの技術者としては大いに考えなければならない問題である。

　さて，新技術の採用の際には，従来の方法とのコスト比較によりその優劣なり採用の是非が論ぜられることになる。その際，簡単にはじ

○第5章　日本の建設・コンクリート事情

くことのできる初期の建設コスト，とりわけ積算単価表に掲載されているもののみに着目していることはないだろうか。画期的な新材料や施工法が登場した場合，重要でありながらあやふやなままにしておいた事柄について改善が図られることがあると思う。そういったものまできちんと評価できる枠組みなりシステムの構築も，建設コスト削減には必要不可欠であると思う。

写真-5.3　北陸（長野）新幹線
（在来線（写真右側）と同じ地平に建設された軽井沢駅）

建設投資額に対する建設業の生産額の比率

東海道新幹線と北陸新幹線との建設コストを比較し，労務費の割合が高まってきていることを先にご紹介した。すると，コンクリートなどの材料を施工して構造物を完成させる建設業の生産額の，建設投資額全体に対する割合も高まってきているのだろうか。1960年

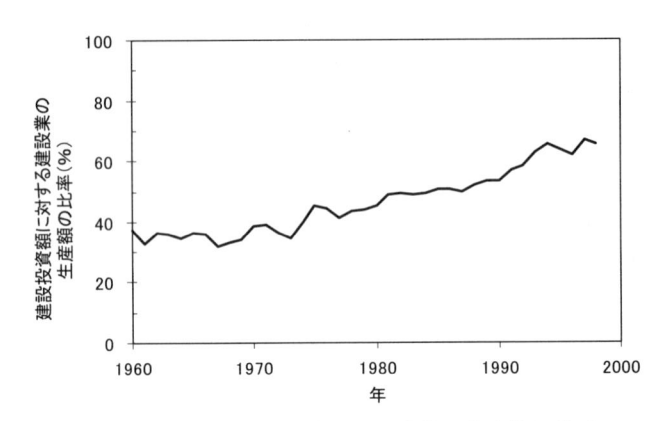

図-5.10 建設投資額に対する建設業の生産額の比率

からの建設投資額に対する建設業の生産額の比率を求めた（図-5.10）。なお，この数字はあくまでも相対的なものとしてご覧いただきたい。

東京オリンピック直前の1963年，建設業の生産額の建設投資額全体に対する比率は36％程度であった。その後は基本的に上昇傾向であり，1997年には67％を記録している。材料に比較して労務費の上昇率が桁違いに大きく，したがって建設業の生産額の比率が高まってきたということか。その中で割合が一時的に減少したのが1973年。オイルショックによる建設資材の高騰のため相対的に施工金額の比重が下がったためと解釈すれば，辻褄は合う。

それとも，建設業の役割が拡大していることの現れだろうか。詳細に分析してみる必要があると思う。

建設投資額に占める材料費の割合

東京オリンピック前の1960年，日本の建設投資額に占めるセメント消費額の割合は5％を超えていた。しかし，その後は一貫して減少傾

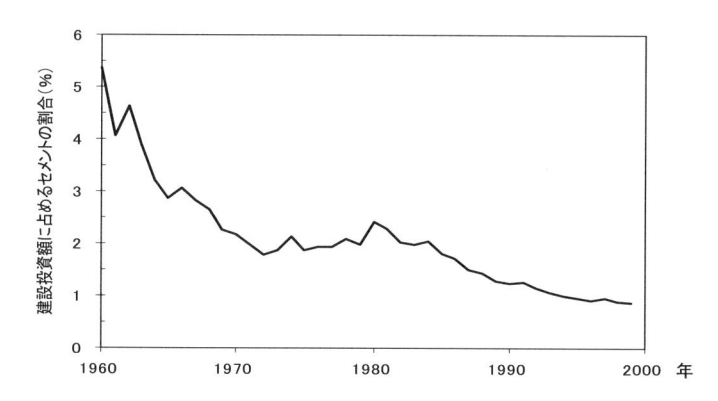

○第5章 日本の建設・コンクリート事情

図-5.11 日本の建設投資額に占めるセメント消費額の割合の変遷

向にあり，現在は1％を割り0.9％である（図-5.11）。建設投資額に対するセメント消費量（セメント原単位）自体減少傾向であり（図-5.3），さらにセメントの単価も下落気味だからである。

さらにコンクリート以外の主要な建設材料である鋼材，木材およびアスファルトについても調べてみた。1999年度には1人当たり226kgの鋼材が土木・建築用として消費されている。仮に鋼材単価を35円/kgとすると，1人当たり8,000円弱となる。こちらも減少傾向である。木材は建設用として1人当たり0.121m^3を消費している。単価を50,000円/m^3とすれば約6,000円。アスファルトは1人当たり30kg。単価を20円/kgとすれば600円となる。

以上，生コンクリート（セメントを生コンクリートに換算），鋼材，木材，アスファルトの4つを合計すると4万円弱。日本の建設投資額が1人当たり約56万円であるから，主要材料が占める割合は7％といったところか。もちろん，これ以外にも建設用の材料は数多く存在し，また，これらの原材料が建設業に渡るまでにはさらに加工されること

もあるため，「中間財」としての材料費の割合はこれよりも大きくなるはずである。

さて，コンクリート材料費の占める割合が減少傾向にあるという事実については，様々な解釈が成り立つと思う。例えば，

① セメントやコンクリートの材料コストの占める割合が低下していることは，当該業界のたゆまぬコストダウンの結果であり，好ましい傾向である。

② 生活水準の向上に伴い，構造体以外に投資する割合が大きくなってきたのは喜ぶべきことである。

あたりであろうか。これらは現状に対する前向きの解釈である。

しかし，コンクリートに携わっている筆者としては，現状に対して危惧を抱かざるを得ない。すなわち，

③ 数十年，場合によっては100年以上も使い続けなければならない構造物の材料費がせいぜい数％で良いのか。

ということである。

このようなことを考え始めるようになったのは，岩波新書『マンション』（小林一輔・藤木良明著，2000年）を読んだからである。本書の「あとがき」にはこんなくだりがある ― 高級な外観にくらべて割安な価格を設定したマンションの新聞広告やチラシが目にとまらない日はない。その一方で，入居早々，雨が漏ったり，バルコニーが傾くなどのトラブルを起こす欠陥マンションが週刊誌やテレビなどで頻繁にとりあげられている ― というものである。

内装や設備に贅を尽くした建築物が度々報じられたバブル絶頂期の1980年代後半，建設投資額全体に占めるセメント消費額の割合は1.2

○第5章　日本の建設・コンクリート事情

％であった。バブルがはじけて建築の物件が減り，建設される建築物・構造物が質実剛健になりセメント消費の比重が高まったと思いきや，減少傾向は止まらず，1999年現在で0.9％を割っている。詳細な分析が必要ではあるが，建設コスト縮減の動きが，目につきにくい，材料の品質へのしわ寄せとなっていないことを願っている。

　この点を，施工に頼って解決するのは危険である。昨今の不況によりひところの労働力不足が解消されたとはいえ，いきなり人手を増やしたところでコンクリートの耐久性が向上するとは思えない。技術を育てるのには時間がかかる。

　もう少し材料にお金をかけるべきだと思う。材料費が現在の2倍になったところで，総コストに占める割合は小さい。実際のコスト増はたかが知れている。一方，寿命の伸びは2倍以上のはずである。

　もちろん，性能が同じであれば材料の価格は安いに越したことはない。ただし，コンクリートの性能を合理的にチェックできる検査方法の確立がセットでなければならない。

　さらに，建設投資額に占めるセメント・コンクリートの割合が小さいことが，当該産業に優秀な人材が集まりにくいことにもつながっていないだろうか。大いに気になる点である。

都道府県別生コン需要①
―人口当たり・面積当たり

　海外との比較では「日本」と1つに括らざるを得ないにしろ，日本国内にも地域差が存在するはずである。そこで，日本の生コンクリート需要を都道府県ごとに見ていくことにする。

2000年度の各都道府県の生コンクリート出荷量を人口や面積で割り，1人当たり，そして面積当たりの値を求めた。全国平均は，1km²当たり0.5m³，1人当たり1.2m³であった。面積当たりの出荷量が第1位の東京都は最下位の北海道の75倍，全国平均の12倍である。一方，1人当たりの出荷量で第1位の高知県は最下位の埼玉県の3.5倍，全国平均の2倍という開きがある。

　数字の羅列だけでは分かりにくいので，これらのデータを図示してみた（図-5.12）。特徴的な都道府県についてはプロット上にその名前を表示している。プロット群の3つの隅に位置しているのが，

- 東京，神奈川，埼玉，愛知：1人当たりでは少ないが，単位面積当たりでは多い
- 高知，島根，鹿児島：1人当たりでは多いが，単位面積当たりでは少ない
- 宮城，茨城：1人当たりでも単位面積当たりでも少ない

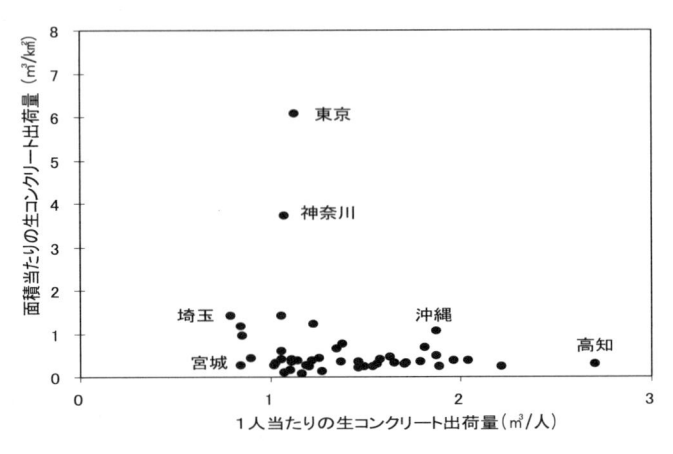

図-5.12　各都道府県の生コン出荷量：1人当たりと面積当たり（2000年度）

○第5章　日本の建設・コンクリート事情

である。1人当たりで全国第1位の高知県は単位面積当たりではわずか0.3m³。全都道府県中，下から数えて15番目である。

いわゆる「都市部」の都道府県ほど左上に，「地方部」の県ほど右下に位置する傾向にありそうである。人口密度の高い都市部の方が施設（コンクリート構造物・建築物）の密度が高いが，同時に使用効率も高いということになる。

その他，特徴的な県は，
- 1人当たりでも，単位面積当たりでも比較的多い：**沖縄**
- 1人当たり，単位面積当たりとも日本全国の平均値に近い：**広島，長崎**

である。単位面積当たり，1人当たりともに「生コンクリート需要が多い」と言えるのは，東京や神奈川を別格とすれば沖縄県ということになる。住宅建築に木材ではなくコンクリートを使用する割合が他の都道府県と比較して極めて高いことが影響していると思う。単位面積当たりで全国平均の2倍，1人当たりでも1.5倍。総出荷量でも全47都道府県中20番目であるから真中より上である。

さて，1人当たりに換算すると，日本の地方部での，または特定の県での生コンクリートの需要が際立って多く見えてしまう。単純に「○○県の1人当たりの公共投資額は全国平均の×倍」と喧伝されることもある。

しかし，この事実を論じるためには，人口の大小に関わらず整備する必要がある国土の条件，さらには過去の建設投資の蓄積等も考慮しなければならないはずである。

写真-5.4　土讃線・高知駅（数年後に高架化工事が完成予定）

写真-5.5　四国横断自動車道路・大代トンネル
　　　　（徳島県鳴門市，二次覆工に自己充填コンクリートを1,800m^{3}使用）

○第5章　日本の建設・コンクリート事情

都道府県別生コン需要②
― 民需と官公需

　日本の各都道府県における生コンクリート消費量を，民需と官公需とに区別した。それぞれについて，2000年度の生コンクリート出荷量を構成している要因について考察する。

　最初に民需である。各都道府県の人口と，2000年度の民需用生コンクリート総出荷量との関係を示す（図-5.13）。見事なほど人口と高い相関関係にあることが分かる。直線で回帰すると相関係数は96％であった。民需は人口，すなわち生活・経済活動に伴い発生する需要に正直であるという，考えてみれば当たり前の事実を確認できる。

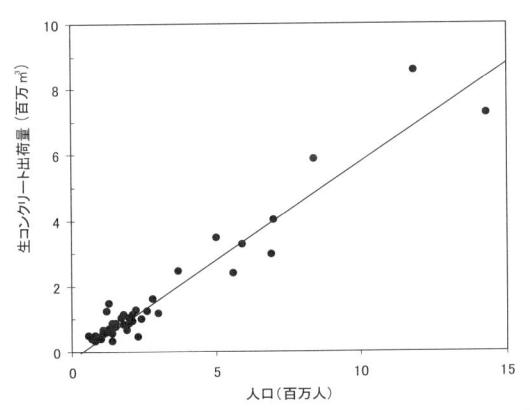

図-5.13　各都道府県の人口と民需用生コンの出荷量（2000年度）
回帰直線：生コン出荷量（m³）＝－122,000＋0.595×人口（人），相関係数96％

　ここで，回帰式の切片が負の値となっていることに気が付く。計算上，県の人口がゼロの場合は需要がマイナスとなる。2000年度の場合，少なくとも各県の人口が20万人以上でなければ民間向けの生コン需要

− 171 −

が発生しないということになる。民間は経済の原則に正直であり，シビアであることに改めて驚く。

　一方の官公需はどうか。民需同様，各都道府県の人口と官公需用生コンクリート総出荷量との関係を示す（**図-5.14**）。直線回帰した場合の相関係数は88％であり，民需ほど高い相関は見られない。当然のことながら，公共投資が経済の法則だけで決まるわけではないからである。

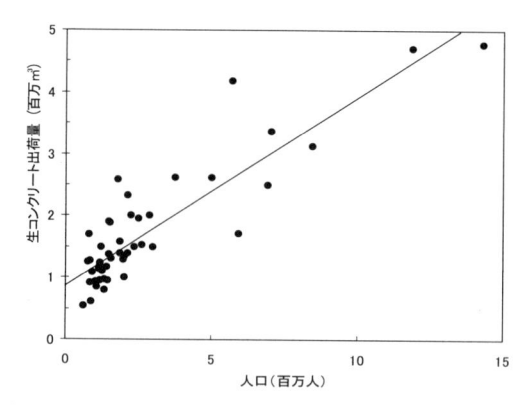

図-5.14　各都道府県の人口と官公需用生コンの出荷量（2000年度）
回帰直線：生コン出荷量（m³）＝900,400＋0.302×人口（人），相関係数88％
面積の要因を加味した回帰直線：生コン出荷量（m³）＝752,180＋0.290×人口（人）＋23×面積（km²），相関係数92％

　なお，民需の場合と異なり，回帰式の切片は正の値である。すなわち，人口がゼロでも官公需用の生コン需要が存在するわけである。人口の大小に関わらず，国土を維持していくためにはある程度の建設投資が必要であるという見方ができる。人口の多い県と少ない県とを比較すれば人口の少ない県の方が1人当たりの生コンクリート消費量が

○第5章　日本の建設・コンクリート事情

多くなってしまうのは，当然の成り行きであると思う。

そこで，「整備すべき国土面積の大小」という観点から，この回帰式に面積の項を付け加えてみた。その結果，相関係数は92％とわずかながら増加したが，民需には及ばない。官公需用生コン需要をわずか2つの要因で説明することは不可能であることが分かる。

ただし，ここまで取り扱ってきたのは，2000年度というある瞬間の生コン需要である。コンクリート需要は過去の消費の蓄積に影響されるはずである。社会基盤施設の建設を各都道府県同時に行うことは不可能であり，財政の制約ゆえに順番をつけて整備されることになるからである。また，整備すべき社会基盤施設も地域によって異なっているため，コンクリートの需要に違いが生じて然るべきであると思う。

この点についてはさらに詳細な検討が必要である。

写真-5.6　土佐くろしお鉄道・阿佐線　物部川橋梁
（2002年7月開業予定）

写真-5.7 南与力町教会
(高知市, 格子状の「光の壁」に自己充填コンクリートを使用)

【参考文献】
セメント協会50年の歩み, セメント協会, 1998年
建設統計ガイドブック, 建設物価調査会, 1996年
日本の100年, 国勢社, 2001年
日本国勢図会2001, 国勢社, 2001年
国民経済計算, 内閣府, 2001年
廣田良輔：新幹線のインフラコストと建設技術の進展, 土木学会第83回通常総会特別講演, 土木学会誌1997年9月号
馬場敬三：建設マネジメント, コロナ社, 1996年
平成12年度における生コンクリートの出荷実績, コンクリートテクノ2001年6月号

第6章

アジアの将来と日本

日本に続いて間もなく先進国入りする国—シンガポール，台湾，韓国。そしてこれらを追いかける国—マレーシア，タイ，中国。アジアで1人当たりGDPの高い国はこの他にも存在するが，東アジア・東南アジア地域で将来をにらんだ積極的なインフラ投資を行っているのはこの6ヶ国である。

　しかし，これらの国々が単に日本のたどってきた道を追いかけ，結果として日本と同じようなインフラ整備がなされるのかといえば，必ずしもそうではないと思う。高度経済成長の時期により，様相がかなり異なってくるはずである。

自動車交通の増大

　アジア各国の乗用車の普及率は日本よりはるかに小さい（図-6.1，6.2）。それでいて都市内の道路はもはや自動車の洪水である。今後の

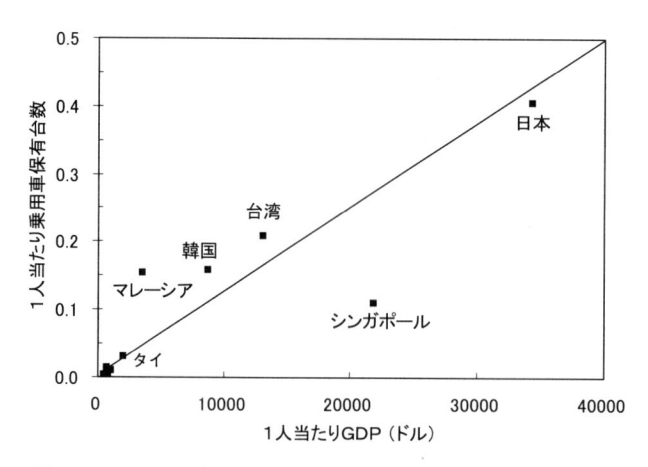

図-6.1　アジア主要国の1人当たりGDPと乗用車普及率

○第6章　アジアの将来と日本

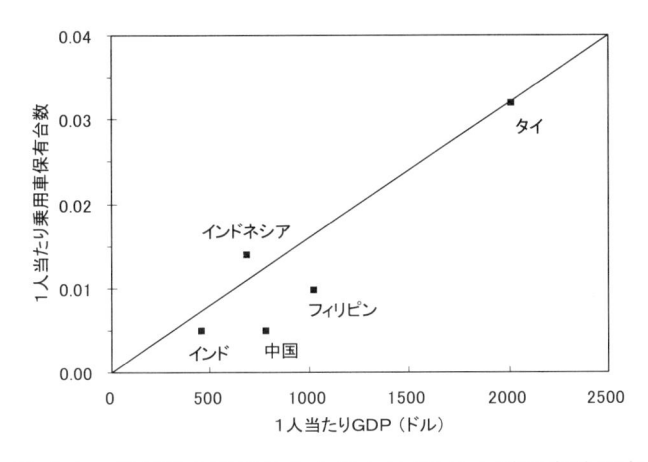

図-6.2　アジア主要国の1人当たりGDPと乗用車普及率
（GDP 2,500ドルまでの部分を拡大）

経済成長に伴い自動車保有率が増大すれば，欧米よりも高い人口密度と相まって，エネルギー・環境問題がより深刻化する可能性が高いと思う。

写真-6.1　道路を全て埋め尽くした自動車（バンコクにて）

鉄道の整備

　鉄道網の整備の度合いは，結局のところ，その国の高度成長期，すなわちインフラの整備期に主流となっている交通機関が何であったかによって決まると思う。自動車が主流となる前に高度成長期を迎えたヨーロッパでは鉄道網が充実したが，高度成長と自動車の普及の時期とが一致した日本では積極的には整備されなかった。この傾向は，経済成長がまだまだこれからのアジアの国々ではさらに顕著となるであろう。

　アジア主要国の鉄道整備の現状をまとめた。対象としたのは各国の国鉄相当の鉄道である（表-6.1）。面積当たり，人口当たりでも日本の整備状況は格段に良いことが分かる。アジアの国々の鉄道路線が日本ほど充実する日が来るのだろうか。どの国も現在の路線延長の2倍以上が必要となるからである。

表-6.1　アジア主要国の鉄道路線延長距離（1998年）

	面積当たり(km/千km²)		人口当たり(km/百万人)
日本	53	日本	160
韓国	31	マレーシア	105
台湾	31	タイ	68
インド	19	韓国	67
タイ	8	インド	67
中国	7	中国	56
マレーシア	7	台湾	51

○第6章　アジアの将来と日本

　次に，平均旅客輸送密度および貨物輸送密度を示す（**表-6.2**）。中国とインドの貨物輸送密度は桁違いに大きい。韓国も日本の2倍以上である。面積当たりの鉄道路線網が日本ほど充実していない国々で自動車の普及が進めばどのようなことになるのか。旅客，貨物とも鉄道からの逸走が日本以上に起こるのではないか。大変気がかりである。

表-6.2　アジア主要国の鉄道の平均旅客・貨物輸送密度（1998年）

	旅客密度（人/日）		貨物密度（トン/日）
日本	33,164	中国	48,864
韓国	24,820	インド	12,400
台湾	24,193	韓国	8,846
インド	17,617	台湾	3,378
中国	14,707	日本	3,093
タイ	7,367	タイ	1,934
マレーシア	1,717	マレーシア	1,743

写真-6.2　陸上輸送の王様・インド国鉄
　（カンプール駅にて：主要幹線はすでに電化され，線路は高規格）

写真-6.3　バンコク・スカイトレイン
（タイ初の都市高速鉄道：1998年開業）

ハブ空港競争

　鉄道の整備水準ではアジア諸国と比較して極めて高レベルにある日本であるが，ハブ空港の地位をめぐる競争では劣勢である。アジアの主要国際空港の滑走路の整備状況をまとめてみた（表-6.3）。日本を代表する国際空港の滑走路はたったの1本。明らかに貧弱である。2002年4月には成田空港にようやく2本目の滑走路が供用開始となるが，長さはわずか2,200m。利用できる機材はかなり制限される。

　この差は今後さらに拡大する見込みである。アジアの国々ではさらなる拡張工事，または移転計画が着々と進行中だからである。クアラルンプール，香港，上海，北京，シンガポール，台北などの各空港では拡張工事が盛んに行われている。いずれも，遅々として進まない成

○第6章　アジアの将来と日本

表-6.3　アジアの主要国際空港の整備状況（1999年）

		滑走路（長さ(m)×本数）
中国	北京 上海・浦東 上海・虹橋 香港	3,800×1，3,200×1 4,000×1 4,000×1，3,400×1 3,800×2
台湾	台北・中正	3,660×1，3,350×1，2,752×1
韓国	ソウル・仁川	3,750×2
シンガポール	チャンギ	4,000×2
タイ	バンコク	3,700×1，3,000×1
マレーシア	クアラルンプール	4,000×2
インドネシア	ジャカルタ	3,660×1，3,050×1
フィリピン	マニラ	3,354×1，2,425×1
日本	成田 関西	4,000×1，(2,180×1：2002年4月予定) 3,500×1

田や関西空港の最終計画を上回る規模である。

　空港は「点」の施設であり，鉄道のような「線」の設備の蓄積が必要ないため，後発国でも比較的簡単に整備できる。しかも用地取得を勘案すれば，途上国の方が有利な場合さえあると思う。日本の空港整備の状況が変わらない限り，いずれ日本の地位が低下する恐れが高いのは多くの識者が指摘するとおりである。

　アジアの中心は，経済力，政治の安定，文化等，やはり日本であるべきだと思う。日本があればこそ，アジアの国々の経済成長があるはずである。日本の，海外との交流に必要不可欠なインフラが脆弱であれば，アジア全体の損失に直結することにもなる。

ピークがより先鋭化する建設需要

　各国の1人当たりセメント需要のピークをまとめてみた。日本―台湾―韓国―シンガポールと，後になるほど消費量のピークが先鋭化している。日本のピークは1973年の715kgであったが，台湾・韓国・シンガポールのピーク時の消費量は日本よりもはるかに多い（**表-6.4**）。消費の累積量から判断して，これらの国々の潜在需要が日本の2倍もあるとは思われない。時代を経るにしたがってセメント需要のピークがより先鋭化する傾向にあると言うことができそうである。

表-6.4　アジア主要国の1人当たりセメント消費

		消費のピーク（年）	2000年現在の消費量	1947年からの累積 **
すでに需要のピークを迎えたと思われる国	日本	715kg（1973）	571kg	21.5トン
	台湾	1,332kg（1993）	820kg	21.1トン
	韓国	1,339kg（1996）	1,011kg	17.9トン
	シンガポール	1,669kg（1997）	1,541kg *	約27トン
今後需要のピークを更新しそうな国	マレーシア	808kg（1997）	513kg	約8トン
	タイ	622kg（1996）	291kg	6.9トン
	中国	453kg（2000）	453kg	5.4トン

＊1999年の値
＊＊1947年から2000年までのセメント消費量の累積を現在の人口で割った値。ただし，シンガポールとマレーシアには一部推定を含む。

○第6章　アジアの将来と日本

　1997年の通貨危機により現在沈滞気味のマレーシアやタイに目を移すと，これまでの消費のピークがすでに日本とほぼ同じである。オリンピック景気に沸く中国は低めの値だが，広大な国土内での地域差を考慮すれば，経済発展の著しい地域ではすでに日本のピーク時の消費量に達しているはずである。今後，消費量のピークを更新するのは間違いないであろう。

　建設需要のピークが先鋭化すれば，構造物の品質に問題を生じる可能性が高くなる。しかも，竣工後数十年を経た後に生じる補修の需要も急増する（図-6.3）。

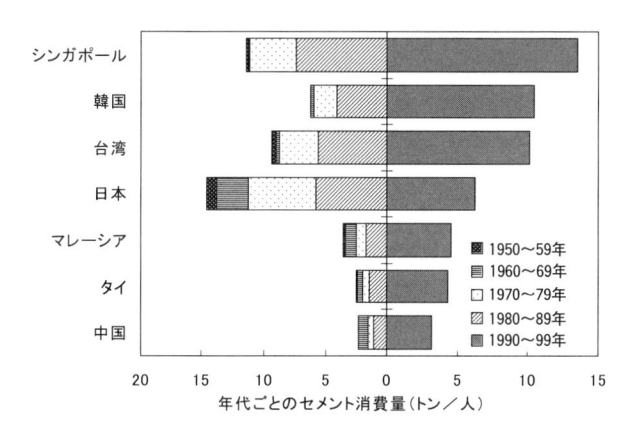

図-6.3　アジア主要国の年代別セメント消費量
　　　（各10年間のセメント消費量の総計を現在の人口で割ったもの，
　　　1990年以降の消費量の多い順に表示）

　アジアの国々に問題が発生すれば日本にとっても決して対岸の火事では済まない。経済でも環境でも，日本に直接の影響を及ぼしかねない。

－ 183 －

構造物の品質について言えば，アジアの国々の中で間違いなく日本が一番である。日本の建設・コンクリート技術者の活躍の場はまだまだ残されていると思う。というよりも，日本の技術者がリーダーシップを発揮しなければならないはずである。

写真-6.4　竣工後間もない橋脚の補修
（アジア某国・某市にて，橋脚に刺された数多くの補修用の注入器）

【参考文献】
Jane's WORLD RAILWAYS 2000-2001, 2000年
数字で見る航空2001, 航空振興財団, 2001年
航空統計要覧2001, 日本航空協会, 2001年
エアポートハンドブック2001, 月刊同友社, 2001年

あとがき

　鉄道旅行記と建設・コンクリート事情についての文章が同じ著者による同じ著書に収められているという例は皆無であると思う。著者を知る人ならば，鉄道＝趣味，建設・コンクリート＝仕事と，趣味と仕事の分野の文章を1つにまとめたものと理解されるだろう。確かに結果だけを見ればそのとおりである。

　しかし，出来不出来はともかくとして，1冊の本に同居させたのは，「コンクリート技術→セメント・コンクリート需要→建設施工→社会基盤施設→社会基盤の機能」という社会基盤整備についての一連の流れ，そして社会基盤の計画について考察する必要性を感じたからである。

　本書，およびそのもとになったセメント新聞連載「海外のセメント・コンクリート事情」の内容がこのようなものになった経緯を振り返ってみたい。

　趣味の鉄道をテーマとしている研究室の存在を知り土木工学科に進学した。しかし，ふとしたきっかけでコンクリート研究室に配属となった。1990年のことである。折しも当時「ハイパフォーマンスコンクリート」と呼ばれた自己充填コンクリートの開発直後であり，単なる物珍しさから卒業論文のテーマとし

て選択した。以来，修士論文，博士論文まで研究テーマは一貫して自己充填コンクリートであった。

そうこうするうちに1995年頃から海外，特にヨーロッパの国々で自己充填コンクリートへの関心が急速に高まり，開発者でもない著者にもあちこちの国からお呼びがかかった。しかし，訪問国では通り一遍のコンクリートの仕事をこなしただけで，あとは時間の許す限り鉄道に乗ってきた。

言い訳じみてくるが，そもそも自己充填コンクリート関連の用事で海外に出かけたところで，技術的に得るものが多くあるとも思えない。そこでなるべく多くの時間を，コンクリート需要を生み出す側の，鉄道をはじめとする社会基盤整備の状況の観察に充てることにした。もちろん本心は，鉄道に乗りたいから乗っただけなのであるが…。ヨーロッパの鉄道を心行くまで堪能した。いつの間にか，西ヨーロッパの国で訪れていないのは，実質的な独立国ではポルトガルとギリシャだけとなっていた。

しかし，ヨーロッパの鉄道に乗れば乗るほど腹立たしくもなってきた。日本が有する世界最高の建設技術と，社会基盤の整備水準との乖離が著しいのである。技術は本来，より良い生活を送るために存在するのではないのか。最高の建設技術を有する日本の社会基盤の整備状況が世界一ではなく，しかも将来も世界一になりそうにないというのは一体全体どういうことなのか。

というわけで，コンクリートが構造物になり，社会基盤施設として機能するという一連の流れの中で，一体どこに隘路があるのか考察してみたくなった。これが本書の執筆の経緯である。内容が雑多なものとなってしまった点は否定できないが，著者の意図がご理解いただければ幸いである。

　本書の執筆にあたり多くの方々に御世話になった。

　恩師　小澤一雅先生（東京大学大学院　助教授）には本書の推薦の御言葉を賜った。卒業研究でコンクリート研究室に配属になり自己充填コンクリートの研究を始めて以来の御縁である。

　宇野洋志城氏（佐藤工業㈱）には「イラストレーター・三宅匠」として，素敵な表紙のデザインをしていただいた。氏のイラストは『ハイパフォーマンスコンクリート』（技報堂出版）以来，本書が4作目となる。なお，氏は自己充填コンクリートのトンネルセグメントへの適用についても第一人者である。

　台湾の新幹線および地下鉄BOTプロジェクトの立役者・周禮良先生（現　高雄市捷運工程局長）には，当該プロジェクトを含めて台湾の事情について懇切丁寧に御教示いただいた。日本の現状を全て知り尽くした上で，しかも著者の日本語での質問に日本語で答えて下さるという，海外事情の調査としてはこの上ない恵まれた条件であった。そもそも周先生と出会うことがなければ，単なる鉄道好きの著者が海外の建設・インフラ事情の考察をすることなどなかったかもしれない。

㈳セメント協会，清水建設㈱台北営業所・台湾高速鉄路ＪＶ，前田建設工業㈱三峡事務所・北京事務所，台湾・交通部国道新建工程局，㈶台湾営建研究院からは情報等の提供や現場見学の便宜を図っていただいた。

　廣田良輔氏（元　日本鉄道建設公団副総裁，現　鹿島建設㈱専務取締役）には，土木学会総会で行った講演「新幹線のインフラコストと建設技術の進展」の内容を紹介することを快諾していただいた。これからの建設工事のあり方を考える上での出発点とも言うべき衝撃的な内容であった。

　著者が廣田氏から受けた御恩はこれにとどまらない。氏が執筆・編集した「西ヨーロッパとアフリカの鉄道」をはじめとする全5冊の「世界の鉄道シリーズ」（吉井書店）は，著者が「日本の国鉄・ＪＲのみを対象とした鉄道少年」から「世界を対象とする鉄道青年」に脱皮するきっかけを作ってくれた本である。いわゆるマニア向けの車両の解説ばかりが目立つ鉄道書の中で，各国の鉄道事情についてその背景から解説した唯一の書物と言って良い。本書の第1章「欧州インフラ紀行」執筆の際に大いに参考にさせていただいたのはもちろんであるが，第2章以降の建設・コンクリート事情の執筆への影響も大である。

　連載執筆中，および本書の原稿を仕上げる際に常に目標としていたのはこの「世界の鉄道シリーズ」のような本であった。つまり，単なる「コンクリート・建設・社会基盤事情」の紹介

ではなく，その背景にあるものは一体何であるのか，という考察である。そしてその考察をするためには自由に「世界紀行」することが大切なのだと認識するに至った。そんなことを考えて，本書のタイトルを決めた次第である。

　セメント新聞編集部長 児玉好正氏には，本書の執筆，遡ればセメント新聞の顔である第1面への連載という機会を提供していただいた。

　御世話になった方々に心より御礼申し上げます。

$$2002年3月$$
$$大内　雅博$$

<著者紹介>

大内 雅博（おおうち・まさひろ）

高知工科大学工学部社会システム工学科 助教授

1968年 茨城県石岡市生まれ。同県新治郡千代田村および東茨城郡美野里町育ち。
1991年 東京大学工学部土木工学科卒業，1993年 東京大学大学院工学系研究科土木工学専攻修士課程修了，東京電力㈱入社。1997年 東京大学大学院工学系研究科社会基盤工学専攻博士課程修了，東京大学大学院工学系研究科社会基盤工学専攻助手。1998年 高知工科大学講師を経て2001年より現職。

博士(工学)
専門：コンクリート工学

世界インフラ紀行 ―コンクリート・建設・社会基盤―

平成14年4月20日　第1版第1刷発行
定価：1,800円　(税別)
<不許複製>
© 2002

著　者 ■ 大 内 雅 博
発行者 ■ 猪 熊 和 子
発行所 ■ 株式会社 セメント新聞社
〒103-0028　東京都中央区八重洲1-5-4
　　　　　　共同ビル（八重洲口）7階
☎ 03(3281)4975　FAX 03(3281)4978
振替　東京 00100-4-71604

表紙デザイン ■ 宇 野 洋志城
印刷所 ■ 三英グラフィック・アーツ㈱

落丁・乱丁本はお取り替えします。ISBN4-915368-06-8　C0026　￥1800E